Felix Gartmann
Der präzise Irrtum

Felix Gartmann

Der präzise Irrtum

Gescheiterte Ideen in den Wissenschaften

Fünfundzwanzig Portraits von
Forscherinnen und Forschern,
die (vermeintlich) Großes geschaffen haben,
aber selten in den Schulbüchern anzutreffen sind

Mit Illustrationen von Ursula Bänninger

Frank & Timme
Verlag für wissenschaftliche Literatur

Umschlagabbildung: Holzschnitt von Camille Flammarion aus seinem Buch *L'Atmosphère*, Paris, 1888

ISBN 978-3-7329-0997-1
ISBN E-Book 978-3-7329-8940-9

Herstellung durch Frank & Timme GmbH,
Wittelsbacherstraße 27a, 10707 Berlin.
Printed in Germany.
Gedruckt auf säurefreiem, alterungsbeständigem Papier.

www.frank-timme.de

Inhaltsverzeichnis

Vorwort

Isaac Newton, Marie Curie, Albert Einstein: diese Namen sind wohl allen vertraut und viele von uns können auch etwas über die Arbeiten dieser berühmten Forschenden erzählen. Sie werden in jedem Physikschulbuch erwähnt; die Drei sind wahre Stars der Naturwissenschaften. Talent, Beobachtungsgabe, Ausdauer, Fleiß und Förderung sind Voraussetzungen für erfolgreiches Forschen, aber auch das Glück, zur richtigen Zeit und am richtigen Ort zu leben. Es ist in der Geschichte der Naturwissenschaften ähnlich wie im Sport: Die Sieger werden gefeiert, die »Ferner liefen« aber sind bald vergessen. Neue Erkenntnisse in Chemie, Biologie, Physik, Astronomie, Medizin, Technik und Geologie fallen nicht einfach vom Himmel, sondern müssen errungen werden. Wie im Sport werden nicht alle Teilnehmenden gewinnen, sondern die Mehrzahl bleibt als Verliererinnen und Verlierer auf der Strecke, obwohl sie wahrscheinlich ebenso fleißig und ausdauernd trainiert haben, um an ihr Ziel zu kommen.

Dieses Buch portraitiert 25 Forscherinnen und Forscher aus fünf Jahrhunderten, die aus unterschiedlichen Gründen nicht den Weg in die Schulbücher gefunden haben. Beispielsweise den Toggenburger Bauernsohn Jost Bürgi, der wegen seiner Bescheidenheit nicht in den wissenschaftliche Olymp aufstieg; den deutsche Naturforscher Georg Stahl, der seine Versuche nicht zu Ende führte; die französische Kräuterkundige Jeanne Baret und die britische Molekularbiologin Rosalind Franklin, die das falsche Geschlecht hatten; die Astronomen Giovanni Schiaparelli und Urbain Le Verriere, die optische Täuschungen für wahr hielten; den sowjetischen Genetiker Trofim Lyssenko, der Stalin als seinen Mentor hatte; den Architekt Herman Sörgel, dessen Projekt schlicht zu größenwahnsinnig war, sowie die Kernphysiker Martin Fleischmann und Stanley Pons, die des wissenschaftlichen Ruhmes wegen zu schnell publizierten.

Neue Erkenntnisse von Wissenschaftlerinnen und Wissenschaftlern können auch Einfluss auf unser Alltagsleben haben, wie die kürzliche Entwicklung von Impfstoffen gegen das Covid-Virus zeigt. Die Forschenden sind der Wahrheit verpflichtet, es geht hier um Science und nicht um Fiktion. Da aber Forschende auch nur Menschen sind, können sie absichtlich oder unbewusst Versuchsresultate herbeischreiben, die mit der objektiven Realität nichts zu tun haben, sondern vielmehr als wissenschaftliche Wunschvorstellungen zu bezeichnen sind. Die erdrückende Mehrheit der wissenschaftlichen Gemeinschaft hält sich aber an die etablierten Verfahren des Erkenntnisgewinns, darum ist das Misstrauen gewisser Bevölkerungskreise gegenüber der Aussagekraft von wissenschaftlichen Resultaten unbegründet. Der vorgegebene Prozess zu neuen Erkenntnissen wird in der folgenden Einleitung kurz skizziert. Für seriöses Forschen gilt immer noch die Aussage von Thomas Alvar Edison, der natürlich als überaus erfolgreicher Erfinder hier nicht portraitiert wird:

> »Innovationen sind ein Prozent Inspiration und neunundneunzig Prozent Transpiration«

Einleitung

Bevor hier über das Scheitern in den Wissenschaften die Rede sein soll, ist es wichtig zu wissen, auf welche Art und Weise naturwissenschaftliche Erkenntnisse gewonnen werden. Wie gelangen Forschende zu Vorstellungen über die uns umgebende Welt und über uns selbst? Vorstellungen, von denen wir annehmen, dass sie richtig sind, also der Wahrheit entsprechen, weil sie durch wissenschaftliche Methoden bestätigt wurden.

Nehmen wir einmal an, dass Sie einen Apfel beobachten, der vom Baum fällt. Eine alltägliche Situation, die Sie sicherlich schon oft gesehen haben. Nehmen wir weiter an, dass Sie vor 300 Jahren gelebt haben und herausfinden wollen, warum der Apfel zu Boden fällt. Damit haben Sie schon die ersten zwei Bedingungen wissenschaftlichen Arbeitens erfüllt: die Beobachtung und die Fragestellung. Wären Sie eine Philosophin, ein Philosoph der griechischen Antike, würden Sie sich jetzt Gedanken über das Beobachtete machen und vielleicht ein Buch darüber schreiben. Da Sie aber jetzt in der Neuzeit leben, ist es damit nicht getan. Sie müssen Ihre Beobachtung unter kontrollierten Bedingungen überprüfen, zum Beispiel, indem Sie Metallkugeln mit einer bestimmten Masse aus unterschiedlichen Höhen auf den Boden fallen lassen und die dazu nötige Zeit messen, genauso wie es Galileo Galilei vom Schiefen Turm von Pisa tat. Sie führen also Experimente durch, wobei zwei Dinge wichtig sind: Sie müssen erstens diese Versuche mehrmals durchführen, um sicher zu sein, dass die so gewonnenen Resultate nicht einfach Zufälle sind. Zweitens dürfen Sie immer nur eine Versuchsgröße aufs Mal ändern, also hier entweder die Masse der Kugel oder ihre Fallhöhe, aber nicht beides gleichzeitig. Sonst wissen Sie nicht, worauf unterschiedliche Fallzeiten zurückzuführen sind. Als Ergebnis Ihrer Versuche erhalten Sie eine Reihe von Messresultaten. Der nächste Schritt besteht häufig darin, aus dem Zahlenmaterial eine Formel abzuleiten, die eine möglichst kurze Zusammenfassung Ihrer Versuche darstellt.

Bei der Apfelgeschichte müssen Sie nun als Nächstes herausfinden, ob Ihre Formel nur für fallende Eisenkugel, die Sie in Ihrem Labor fallen lassen, gilt, oder ob sie für alle fallenden Körper auf der ganzen Welt, ja sogar im ganzen Weltall zutrifft. Vermutlich werden Ihre Wissenschaftskolleginnen und -kollegen überall auf der Erde Ihre Versuche wiederholen. Kommen Sie alle zum gleichen Ergebnis, dürfen Sie annehmen, dass Ihre Formel richtig ist. Das heißt, dass es in der Naturwissenschaft keine Rolle spielt, wer den Versuch durchführt, solange die Rahmenbedingungen gleich sind (z. B. Masse, Fallhöhe, Material, Temperatur, Luftdruck, etc.). Dabei müssen überall auch die gleichen Resultate resultieren.

Nun geht es darum, Ihre Ergebnisse in einen größeren Zusammenhang zu stellen. Was bewirkt eigentlich das Fallen des Apfels und der Kugeln? Isaac Newton hatte die richtige Antwort darauf: Die Schwerkraft ist es, die alle Gegenstände Richtung Erdmittelpunkt zieht!

Mit dieser Idee stellte er eine Hypothese auf, eine vorderhand noch unbewiesene wissenschaftliche Annahme. Falls eine solche Hypothese durch weitere Experimente und Beobachtungen ausgebaut werden kann, wird sie zur Theorie. So konnte Newton mit seiner Theorie nicht nur den Fall von Äpfeln, sondern auch Ebbe und Flut erklären, denn der Mond zieht das Wasser der Meere ein wenig zu sich, was in Kombination der Erddrehung das periodische Steigen und Fallen des Meeresspiegels erklärt.

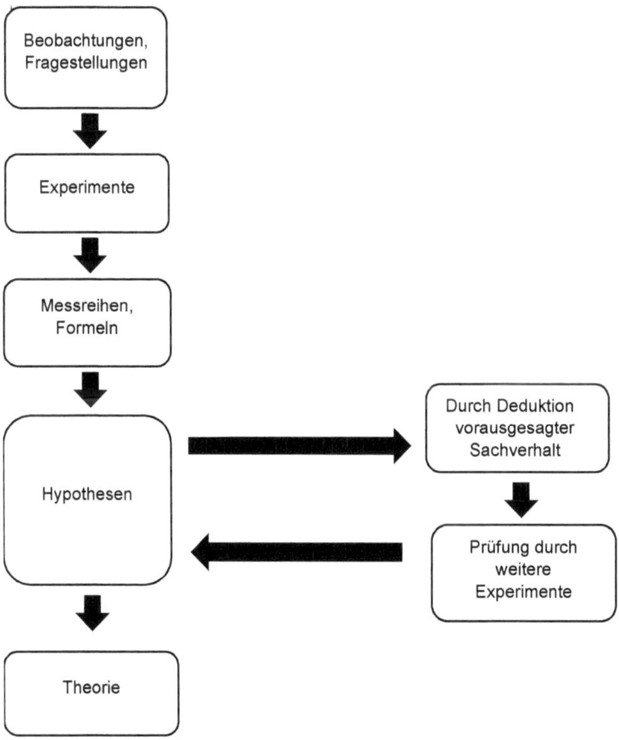

Schema des wissenschaftlichen Erkenntnisgewinns

Wenn man vom Speziellen (Fallen eines Apfels) zum Allgemeinen gelangt (Theorie der Schwerkraft), so spricht man von Induktion. Kommt man aber vom Allgemeinen zum Speziellen (alle Gegenstände werden von der Erde angezogen, daher fällt auch dieser Kugelschreiber hier und jetzt zu Boden), heißt das Verfahren Deduktion. Selbstverständlich kommt es oft vor, dass sich eine Hypothese durch genauere Untersuchungen als falsch herausstellt. Sie ist dann falsifiziert worden.

Man versucht also durch eine fortwährende Fehlerkorrektur der Theorien sich schrittweise der Wahrheit zu nähern. Es darf aber nicht vergessen werden, dass Theorien nie endgültig sind, sondern nur richtig nach dem gegenwärtigen Stand unseres Wissens.

Warum kann man beim wissenschaftlichen Erkenntnisgewinn scheitern? Dafür gibt es verschiedene Gründe, die hier anhand von 25 Beispielen aus der Wissenschaftsgeschichte dargestellt werden.

1. Kapitel

Leonhart Fuchs und seine Farnmännlein und -weiblein

*Leonhart Fuchs (*1501 in Wemding bei Donauwörth; †1566 in Tübingen), Mediziner, Übersetzer, Herausgeber, Kommentator, Hochschullehrer und Botaniker des Humanismus.*

Farne, die mit ihren oft gefiederten Blättern häufig filigrane Trichter bilden, leben bei uns vor allem in feuchten Lebensräumen wie Wäldern oder Schluchten.

Den Menschen fiel jedoch schon früh auf, dass diese Pflanzen weder Blüten, Samen noch Früchte besitzen. Doch was nicht zu sehen ist, muss nicht zwangsläufig inexistent sein – es kann auch einfach unsichtbar sein. Also galten die Farnsamen während des Mittelalters und der frühen Neuzeit als unsichtbar, was zu der Idee führte, dass der Verzehr dieser Samen im richtigen Moment auch uns unsichtbar mache, so wie es William Shakespeares in seinem Drama »Heinrich IV.« beschreibt: »Wir gehen unsichtbar, denn wir haben Farnsamen bekommen.«

1 Das vermeintliche Farnmännlein

Im Jahre 1543 veröffentlichte der deutsche Arzt und Botaniker Leonhart Fuchs (1501–1565) sein in Basel gedrucktes bahnbrechendes Werk »New Kreüterbuch« für Ärzte und Apotheker. Er präsentierte darin über 500 heilkräftige Pflanzenarten mittels Text und vor allem hervorragender Illustrationen, so auch Pflanzen aus dem eben erst entdeckten Amerika.

Wenn man etwas sehen will, dann sieht man es auch, auch wenn man wie Fuchs ein humanistisch gebildeter Renaissance-Forscher war. Da die Farne keine Blüten haben, aber sich doch irgendwie fortpflanzen müssen, suchte und fand der Botaniker im

Wald das Farn-Männlein und das Farn-Weiblein. Er schrieb: »Des Waldtfarn seind zweyerley geschlecht / weible und mennle. […]. Waldtfarn mennle hat weder stengel / blumen / noch samen. Seine bletter kommen von einem styl / der ist einer elen hoch / und seind zu beyden seiten außgebreytet wie zwen flügel / und zu ringßumb zerkerfft / auff der seiten gegen der erden mit vilen runden gantz kleinen tüpffelin besprengt / welche so sie zeitig unnd schwartz werden / fallends ab / darumb ettliche sölche tröpfflin für Farn samen samlen / der sie doch nit seind. […]

Das weible hat bletter wie das mennle auff beyden seiten außgebreytet / und zerkerfft / doch hangen sie nit an einem sonnderlichen eintzigen styl / sonder auß dem eintzigen / langen / glatten / grünen stengel kommen vil zweiglin oder ästlin / daran die bletter wachsen. Hat auch weder blust noch samen.«

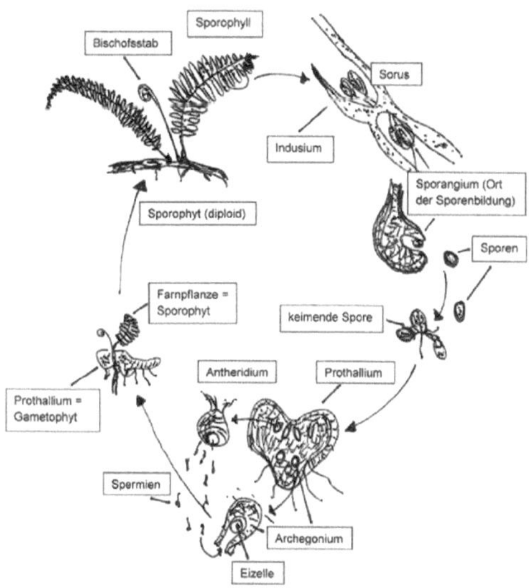

2 Generationenwechsel bei Farnen

Es sollte aber noch über 300 Jahre dauern, bis es dem deutschen Botaniker Wilhelm Hofmeister (1824–1877) gelang, die Sexualität der Farne zu enträtseln: Die Sporen, die auf der Blattunterseite gebildet werden, fallen zu Boden und keimen unter günstigen Bedingungen zu einem winzigen, herzförmigen Pflänzchen aus, dem Prothallium. Auf seiner Unterseite finden sich die männlichen Antheridien, die begeißelte Spermien produzieren und die Archegonien, die die Eizellen enthalten. Die Spermien schwimmen zu den Eizellen, befruchten sie und daraus entsteht wiederum die Pflanze, die wir als Farn erkennen. Somit war die Idee von Fuchs, dass die Farne als geschlechtlich gut unterscheidbare Individuen im Wald für Nachkommen sorgen, zwar naheliegend, aber falsch. Auch hatte er auch keine Vorstellung, wie der Liebesakt bei den Farn-Weiblein und -männlein vor sich gehen sollte.

Die Natur ist oft komplizierter und weniger menschenähnlich, als Botaniker der frühen Neuzeit dies glaubten. Aber immerhin hat die Idee von Fuchs in den botanischen Bezeichnungen des vermeintlichen Farnpärchens bis heute überlebt: Der zierliche Waldfarn heißt *Athyrium filix-femina* (=Farnweiblein) und der robustere Wurmfarn *Dryopteris filix-mas* (=Farnmännlein)!

3 Das vermeintliche Farnweiblein

Gründe für das wissenschaftliche Scheitern von Fuchs

Leonhart Fuchs versuchte im Wald zu finden, was er sich schon im Kopf zurechtgelegt hatte: So wie beim Menschen muss es auch bei den Farnen Mann und Frau geben – nicht erkennend, dass sich diese Pflanzen auf eine ganz andere Art vermehren.

2. Kapitel

Tycho Brahe und sein fast richtiges Weltbild

*Tycho Brahe (*1546 auf Schloss Knutstorp, Schonen, damals Dänemark; †1601 in Prag, Königreich Böhmen), dänischer Adeliger, Astronom und Astrologe.*

Wieder muss sich einer der berühmtesten Astronomen des 16. Jahrhunderts ärgern! Sein Observatorium Uraniborg (benannt nach Urania, der Muse der Sternkunde), das auf der Insel Ven im Öresund zwischen Dänemark und Schweden gebaut wurde, sinkt immer tiefer in den sandigen Boden der Insel ein. Dadurch kann Brahe nur mit großen Schwierigkeiten seine Beobachtungen des Sternenhimmels durchführen, denn seine Messgeräte wie Astrolabien, Armillarsphären und Mauerquadranten bewegen sich mit der ganzen Sternwarte mit. Sein Dienstherr, der dänische König Frederik II., hatte ihm den kostspieligen Bau von Uraniborg bewilligt, nicht nur aus astronomischem Interesse, sondern weil Brahe auch königlicher Hofastrologe war und in dieser Eigenschaft dem König mitteilen konnte, zu welchem Zeitpunkt die Sterne dem dänischen Herrscher beispielsweise für einen Feldzug günstig standen. In der Renaissance war die Trennung zwischen Astronomie und Sternendeutung (auch als Astrologie bezeichnet) noch nicht vollzogen, es lag darum nahe, dass ein Astrologe auch eine Sternwarte benötigte, um das zukünftige Schicksal der Könige genau voraussagen zu können. Aber dieses Observatorium taugte nichts, darum verlangte Brahe eine neue Sternwarte vom König, und zwar eine, die nicht im Boden einsinkt. Das Resultat war Stjerneborg (Sternenburg), eine unterirdische Beobachtungsstation mit einer Öffnung zum Himmel. Jetzt blieben die Messgeräte ruhig und Brahe konnte mit einer bisher unbekannten Genauigkeit die Bahnen der Himmelskörper messen. Allerdings musste der dänische Forscher auf Fernrohre verzichten, denn diese waren zu seiner Zeit noch nicht erfunden. Aufgrund seiner fast schon modern zu nennenden überaus genauen Arbeitsweise kam er zum Schluss, dass das geozentrische Weltbild, bei dem die Erde im Mittelpunkt der Welt steht und alle anderen Himmelskörper um sie kreisen, nicht richtig sein kann.

Aber auch das vom deutschen Astronomen Nikolaus Kopernikus propagierte heliozentrische System kam ihm suspekt vor: Falls die Erde um die ruhig stehende Sonne kreist, warum fällt dann ein senkrecht nach oben geworfener Stein wieder senkrecht nach unten, obwohl sich doch die Erde in dieser Zeit weiterbewegt haben müsste? Brahes System ist ein Kompromiss dieser beiden Weltbilder: Im Zentrum ruht wie im geozentrischen System die Erde. Um sie kreisen Mond und Sonne, aber alle anderen Himmelskörper bewegen sich wie bei Kopernikus um die Sonne. Sein Kompromissvorschlag wurde erst durch den französischen Physiker Léon Foucault im Jahr 1851 widerlegt. Mit seinem Pendelversuch konnte Foucault die Drehbewegung der Erde nachweisen, was dem System von Brahe den endgültigen Todesstoß versetzte.

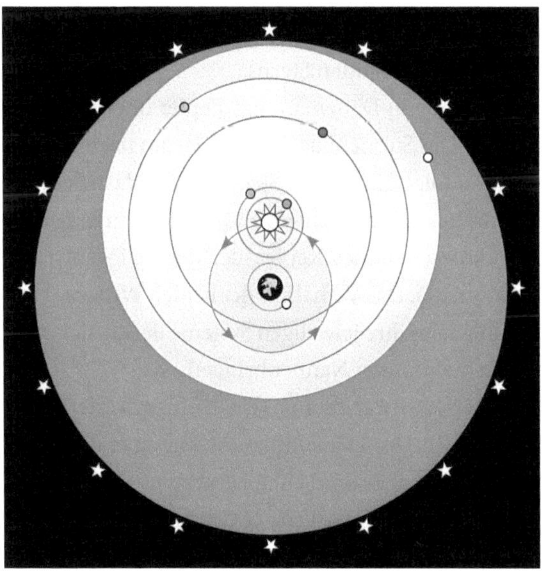

4 Das Weltbild des Tycho Brahe

Allerdings gebührt der auf den präzisen astronomischen Messungen gründende wissenschaftliche Ruhm nicht Tycho Brahe allein, sondern ebenso seiner jüngsten Schwester Sophie. Sie genoss als Adlige eine ausgezeichnete Ausbildung, so sprach sie neben Dänisch auch Deutsch und interessierte sich stark für die Naturwissenschaften. Ihre Kenntnisse in der Astronomie musste sie sich allerdings selbst und gegen den Widerstand ihrer Familie, die die wissenschaftliche Tätigkeit als unpassend für adlige Frauen ansah, aneignen. Sogar Tycho fand, dass Mathematik und Astronomie zu kompliziert für ein Mädchen seien. Ihrer Hartnäckigkeit ist es zu verdanken, dass der Sternenkundler seine jüngere Schwester trotzdem mit seiner Arbeit vertraut machte. Gemeinsam führten sie Himmelsbeobachtungen durch und verfassten einen neuen Sternenkatalog mit über tausend Einträgen. Zudem beschrieben die beiden Geschwister die erste europäische Beobachtung einer Supernova, eines explodierenden Sterns.

Als ein neuer König in Dänemark das Zepter übernahm, fiel Brahe in Ungnade. Der Sternenkundler zog darum nach Prag an den Hof Kaisers Rudolph II., um die Stelle eines Hofastronomen zu bekleiden. Dort begegnete er einem anderen Giganten der damaligen Astronomie, Johannes Kepler, der das heliozentrische Weltbild perfektionierte. Das Verhältnis der beiden Wissenschaftler blieb eher kühl, denn ihre jeweiligen Systeme ließen sich eben nicht auf einen gemeinsamen Nenner bringen.

Am 13. Oktober 1601 war Brahe Gast an einem Festessen zu Ehren von Rudolph II. Der Däne litt an diesem Abend an starken Unterleibsschmerzen. Es wird ein Blasenriss durch Harnverhaltung vermutet, weil die Hofetikette es den Gästen untersagte, sich vor dem Kaiser vom Tisch zu erheben; medizinisch ist dieser

Sachverhalt allerdings umstritten. Auf alle Fälle verstarb Brahe zehn Tage später an einer Blasenentzündung.

Aus glücklicheren Zeiten seines Lebens stammt der Sinnspruch, den sich Tycho Brahe am Eingang von Stjerneborg anbringen ließ:

> »NEC FASCES, NEC OPES, SOLA ARTIS SCEPTRA PERENNANT«

> »Weder hohe Ämter noch Macht, einzig die Zepter der Wissenschaft überdauern.«

Gründe für das wissenschaftliche Scheitern von Brahe

Tycho Brahe lebte als Wissenschaftler in einer Zeit des Umbruchs. In seinem Weltbild kreisten die Planeten zwar um die Sonne, aber die Erde stand immer noch im Zentrum von allem, so wie es die Kirche lehrte. Über dieses Dogma konnte er sich dann doch nicht ganz hinwegsetzen.

3. Kapitel

Jost Bürgi, das verkannte Genie aus dem Toggenburg

*Jost Bürgi, (*1552 in Lichtensteig/Toggenburg; †1632 in Kassel), Schweizer Uhrmacher, Instrumentenerfinder, Mathematiker und Astronom.*

Es wurde nicht an seiner Wiege gesungen, dass der im Toggenburg in den Schweizer Voralpen geborene Jost Bürgi einmal bei Fürsten und Königen ein- und ausgehen würde. Geboren wurde der Selfmademan 1552 im gleichen Jahr wie sein späterer Arbeitgeber Kaiser Rudolf II. in Lichtensteig; einer hübschen Kleinststadt, die oft als Sujet in Schweizer Bildkalendern dient und in der sich die Keimzelle der größten Schweizer Bank befindet. Seine engere Heimat ist ein touristisch interessantes Tal, in dem heute auch Zahnbürsten und Turngeräte fabriziert werden, im 16. Jahrhundert jedoch eine arme, landwirtschaftlich geprägte Gegend war. Über seine frühen Jahre ist kaum etwas bekannt, doch seine Schulbildung musste bescheiden gewesen sein, schreibt doch Bürgi später einmal: »Weil mir aus mangel der sprachen die thür zu den authoribus nit allzeitt offen gestanden, wie andern, hab ich etwas mehr, als etwa die glehrte und belesene, meinen eigenen gedanckhen nachhengen und neue Wege suechen müessen.«

Das hat er dann auch gemacht. Nach einem kurzen Besuch der Dorfschule in Lichtensteig und einer Lehre als Silberschmied in Winterthur nahm er eine Stellung als Uhrmacher in Straßburg an, wo er die Uhr des dortigen Münsters betreute. Das Uhrenhandwerk hat er sich selbst beigebracht, wie überhaupt Jost Bürgi ein Paradebeispiel eines Autodidakten ist. Da er keine Lateinkenntnisse besaß, war er von der damaligen wissenschaftlichen Gemeinschaft in Europa ausgeschlossen und musste sich somit selbst weiterbilden. Sein Ruf als Instrumentenbauer brachte ihn an den Fürstenhof des Landgrafen von Hessen-Kassel, um dort als Hofastronom in der ersten fest installierten Sternwarte Europas zu arbeiten. Unser Mann aus den Voralpen konstruierte in der Folge nicht nur Vermessungs- und Zeicheninstrumente wie z. B. Astrolabien von bisher unbekannter Präzision. Er fertigte auch mehrere bewundernswerte Himmelsgloben, die zu jeder Tages- und Nachtzeit den aktuellen Sternenhimmel aufzeigten, sowie auch den Sonnenstand, das Datum, die Uhrzeit, den Wochentags- und kirchlichen Feiertagsnamen mit automatisiertem Schaltjahrausgleich. Eines dieser feinmechanischen Wunderwerke ist heute im Landesmuseum Zürich zu sehen. Endgültig in den Olymp der Wissenschaft aufgestiegen ist der später leider etwas in Vergessenheit geratene Autodidakt mit der Erfindung eines Gerätes, das uns anzeigt, ob sich der Endspurt zum wartenden Zug noch lohnt: Er baute nämlich für seinen Dienstherren Wilhelm IV. von Hessen-Kassel die erste dokumentierte Uhr mit Sekundenzeiger! Bürgi hat zudem einen wahren Bestseller geschrieben, den ganze Generationen von Studierenden höherer Lehranstalten mit sich schleppten. Um es mit seinen eigenen Worten zu sagen: »Derwegen ich zu aller Zeit gesucht und gearbeitet habe, General Tabuln zu erfinden, mit welchen mann die vorgenannten Sachen Multiplizieren, Dividieren und Wurzelziehen alle verrichten möchte.« Bürgi hat Listen mit Logarithmen geschrieben, so ist z. B. ist der Zehnerlogarithmus von $1000 = 10^3$ oder von $0{,}1 = 10^{-2}$.

Seine Logarithmentafel erlauben es, die Multiplikation und Division von Zahlen auf die einfachere Addition und Subtraktion zurückzuführen. Auch andere mathematischen Operationen werden durch seine Tafeln vereinfacht. Ich habe selbst in den frühen Siebzigerjahren noch die »General Tabuln« erlebt, bevor sie der Fortschritt in Form von Taschenrechnen von der Schulbank gefegt hat. Übrigens, falls Sie sich mit einem hautfreundlichen Duschgel pflegen: Damit hat unser Mann auch zu tun, allerdings nur sehr indirekt, denn der auf der Packung häufig anzutreffende pH-Wert von 5,5 (gleicher Säuregrad wie unsere Haut) bedeutet, dass in diesem Produkt $10^{-5{,}5}$ mol H_3O^+-Teilchen vorhanden sind, was bedeutet, dass dieses Gel leicht sauer ist, was den Säuremantel Ihrer Haut schont.

Den Ruhm seiner mathematischen Entdeckung der Logarithmen musste Jost Bürgi jedoch mit dem schottischen Adligen, Theologen und Naturforscher John Napier, Laird of Merchiston teilen, der dieselbe Methode sechs Jahre früher entwickelte. Ihre Arbeiten und Erkenntnisse über diese neue Rechenart entwickelten die beiden Mathematiker jedoch unabhängig voneinander. Nun kommt Bürgis Herkunft ins Spiel: Als Kind einfacher Leute in einem abgelegenen Tal und ohne universitäre Studien konnte er im Gegensatz zum hochgebildeten Napier kaum mit anderen Forschern und Mathematikern korrespondieren, bekam keinen Zugang zu gelehrten Gesellschaften und hatte große Schwierigkeiten, seine Erkenntnisse zu veröffentlichen. Auch schien es Bürgi an wissenschaftlichem Ehrgeiz zu mangeln, denn als er 1604 Hofuhrmacher bei Kaiser Rudolf in Prag wurde, traf er dort auf den dänischen Astronomen Tycho Brahe (siehe Kap. 2). Dieser beklagte sich über Bürgi: »Ich verstehe nicht, warum er sie [seine Erfindung Himmelsglobus] ins Verborgene hält, nachdem er einen ersten Blick darauf erlaubt hat«. Der große Kepler meinte allerdings über den Toggenburger: »Er werde als Uhrmacher und Mathematiker wohl einmal so berühmt werden, wie es Albrecht Dürer als Maler gewesen ist«.

Leider irrte Kepler, denn im Gegensatz zum deutschen Künstler ist der Lichtensteiger Mathematiker, Instrumentenbauer und Astronom ziemlich unbekannt geblieben. Vielleicht, weil seine Kunst unsere Herzen deutlich weniger berührt!

Gründe für das wissenschaftliche Scheitern von Bürgi

Als einfacher Sohn von Toggenburger Bergbauern ohne solide wissenschaftliche Schulung und ohne Lateinkenntnissen war Bürgi kein Mitglied der gelehrten Welt der frühen Neuzeit und hatte im Gegensatz zu seinem Konkurrenten John Napier keinen Rückhalt in den damaligen Wissenschaften.

4. Kapitel

Van Helmont und die Urzeugung

*Johan Baptista van Helmont, auch Jan Baptist van Helmont (*1580 in Brüssel; †1644 in Vilvoorde bei Brüssel), flämischer Arzt, Naturforscher und Chemiker.*

Im Filmklassiker »Panzerkreuzer Potemkin« des russischen Regisseurs Sergej Eisenstein ist zu Beginn zu sehen, wie sich die Matrosen weigern, vergammeltes Fleisch zu essen. In einer Nahaufnahme sind Maden zu sehen, die sich aus dem verdorbenen Fleisch winden. Aber woher kommen eigentlich diese Maden?

Diese Frage stellte sich unter anderem auch der flämische Arzt und Naturforscher Johan Baptista van Helmont. Als Sohn einer reichen Landadelsfamilie genoss er zeitlebens eine finanzielle Unabhängigkeit und konnte sich ganz seinen wissenschaftlichen Interessen hingeben. Als seine Heimat Flandern von der Pest heimgesucht wurde, setzte er sich mit der möglichen Ursache des Schwarzen Todes auseinander. In seinem Buch »Tumulus pestis. Das ist: Gründlicher Ursprung der Pest / Dero Wesen / Art / und Eigenschafft; als auch deroselben zuverlässig und beständiger Genesung. Nebenst Beyfügung der wahren Ursach und Grund allerhand Fieber.« nimmt er an, dass es nicht Gottes Willen oder ein Ungleichgewicht der vier Säfte gelbe und schwarze Galle, Blut und Schleim (ein Krankheitskonzept aus der Antike) im Körper sei, sondern etwas Ansteckendes in der Luft. Er hat zudem auch den Begriff Gas in die wissenschaftliche Sprache eingeführt. Eines seiner wissenschaftlichen Hauptthemen war die Urzeugung. Diese Idee, dass aus totem organischem Material wie z. B. Fleisch spontan neues Leben entstehen könne, wurde schon vom antiken griechischen Philosophen Aristoteles aufgestellt. Auch für Helmont war klar, dass Muscheln, Quallen, Schnecken, Krebse, Würmer und Insekten bei der Verwesung anderer Lebewesen spontan entstehen. Um es mit seinen eigenen Worten zu sagen: »[…] wird nur ein Geruch des Urhebs (= Fermentum) eingeblasen von den Gefässen, darinnen ein Ding ist oder von der Ansteckung der umgebenden Lufft. Wenn dieses sich recht zusammenschickt, so wird alsobald eine Pflanze oder ein Ungeziefer daraus formiret.«

Van Helmont beschrieb folgendes Experiment, um diese Urzeugung zu beweisen: In einen Tonkrug füllt man feuchtem Weizen und ein Kleidungsstück einer menstruierenden Frau, bedecke dieses Gefäß und warte drei Wochen, dann habe eine Substanz aus den Kleidern den Weizen in Mäuse verwandelt!

Der italienische Arzt Francesco Redi (1626–1697) konnte einige Jahre nach dem Tod von Van Helmont zeigen, dass Maden in verfaulendem Fleisch nicht spontan entstehen, also keine Urzeugung im Spiel ist. Von drei mit rohem Fleisch gefüllten Töpfen verschloss er den ersten Topf vollständig, den zweiten Topf verschloss er mit feiner Gaze und den dritten Topf ließ er offen. Maden erschienen nur in dem offenen, aber nicht in dem verschlossenen Topf. Auf der Gaze des zweiten Topfes fand er kleine Maden, die aus von Auge unsichtbaren Eiern entstanden waren, die die Fliegen dort abgelegt haben. Dasselbe geschah auf dem Fleisch im offenen Behälter.

Aber vielleicht hatte Van Helmont doch ein wenig recht! Lässt man nämlich Bouillon offen herumstehen, bildet sich nach einiger Zeit ein Überzug aus Pilzen und Bakterien.

Sind diese Mikroorganismen vielleicht spontan in der klaren Suppe entstanden? Der Italiener Lazzaro Spallanzani kochte 1768 eine solche Bouillon während 45 Minuten und versiegelte anschließend das Gefäß sofort. Er konnte auch nach mehreren Tagen keine neuen Organismen feststellen. Erst nach Öffnen der Gefäße waren diese wieder zu beobachten. Somit entstanden die Kleinstlebewesen nicht aus der Brühe, sondern sind via Luft in die Flüssigkeit gelangt und haben sich dort vermehrt.

Es ist wohl ein schwacher Trost für die Matrosen des Panzerkreuzers Potemkin, dass die Maden nicht spontan im Fleisch entstanden sind, sondern aus den Eiern der Fliegen geschlüpft sind und sich dann in das zweifelhafte Essen gebohrt haben.

Gründe für das wissenschaftliche Scheitern von Helmont

Helmont konnte nicht wissen, dass nicht nur Fliegen für den Abbau organischer Materialien verantwortlich sind, sondern vor allem die für ihn damals unsichtbaren Mikroorganismen wie Schimmelpilze und Bakterien.

5. Kapitel

Edmond Halley und seine hohle Erde

*Edmond Halley (auch: Edmund Halley (*1656 in Haggerston bei London; †1741 in Greenwich), englischer Astronom, Mathematiker, Kartograph, Geophysiker und Meteorologe.*

»Steig hinab in den Krater des Sneffels Jökull […] und Du wirst zum Mittelpunkt der Erde gelangen. Das hab' ich vollbracht.« Dies behauptet der (erfundene) isländische Naturforscher Arne Saknussemm in Jules Vernes Roman »Reise zum Mittelpunkt der Erde«. Um diese Geschichte zu überprüfen, steigen der deutsche Geologe Otto Lidenbrock, sein Neffe Axel und der einheimische Bergführer Hans Bielke vom isländischen Vulkan Snæfellsjökull mutig ins Innere der Erde, das tatsächlich hohl ist …

Die Hohlerde kommt aber nicht nur beim französischen Science-Fiction-Schriftsteller vor, sondern wurde während langer Zeit ernsthaft in der Wissenschaft diskutiert. Der Schöpfer dieser Hypothese war der englische Naturforscher und Mathematiker Edmond Halley (1656–1742). Wie in seiner Epoche für Gelehrte üblich, betätigte er sich in den verschiedensten wissenschaftlichen Gebieten. Er erfand die erste brauchbare Taucherglocke, beschrieb die Abhängigkeit des Luftdruckes von der Höhe, berechnete die Bahnen von Kometen (z. B. den nach ihm benannten Halley'schen Kometen, der im Jahre 2061 wieder bei uns zu sehen sein wird), erforschte den Erdmagnetismus sowie den Monsun. Seine Freundschaft mit dem Entdecker der Schwerkraft Isaac Newton brachte ihn dazu, sich ebenfalls mit der Gravitation auseinanderzusetzen. Newton hatte angenommen, dass der Mond dichter als die Erde sei. Da aber die Erde ein viel größeres Volumen hat und Erde und Mond im Gleichgewicht sind, schloss Halley, dass die Erde hohl sein müsse. Er stellte sich vor, dass im Zentrum unseres Planeten eine Kugel und darum herum drei Hohlkugeln wie Zwiebelschalen angeordnet seien. Da jede dieser Hohlkugel ein eigenes Magnetfeld habe und sie sich unterschiedlich schnell drehten, erkläre dies die Tatsache, dass der magnetische Nordpol nicht genau beim geografischen Nordpol liegt, sondern im Laufe der Zeit herumwandert. Zudem schimmert nach Ansicht von Halley manchmal Licht aus dem Innern durch die dünnere Schicht der Erdkruste im hohen Norden, was die Existenz der Polarlichter erklären soll. Die Idee der Hohlerde fand bei den Zeitgenossen von Halley große Aufmerksamkeit. Wenn es diese unterirdischen Welten gäbe, wären sie dann für uns Oberflächenbewohnende zugänglich und wären diese inneren Erden allenfalls bewohnt?

Mehr noch als in der wissenschaftlichen Welt fanden diese Ideen bei den Literaten Anklang. So ließ der dänisch-norwegische Dichter Ludwig Holberg in seinem Roman »Niels Klims Reise in die Unterwelt« aus dem Jahre 1741 seinen Helden sagen: »Die Erde sei inwendig hohl, und innerhalb der Schale derselben wäre noch eine andere kleine Erde, auch ein anderer Himmel, an dem sich eine kleine Sonne, Gestirne und Planeten befänden, enthalten. Und der Ausgang hat gelehret, dass ich das rechte Flecken getroffen.«

Im 19. Jahrhundert konnten Forschende Newtons Hypothese, wonach alle Himmelskörper die gleiche Dichte haben, widerlegen. Allgemein ist heute wissenschaftlich anerkannt, dass die Erde einen Kern aus flüssigem Metall besitzt. Dieser ist allerdings aus naheliegenden Gründen unbewohnbar. Auch wenn immer wieder behauptet wurde und wird, dass sich unter unseren Füßen großartige Welten auftun würden, musste auch Halley gegen sein Lebensende erkennen, dass seine Hohlerde in der Meinung seinen Fachkollegen in sich zusammenstürzte.

Bei Jules Verne allerdings kommen unsere drei tapferen Forschungsreisenden nach vielen Abenteuern im Innern der Erde endlich wieder ans Tageslicht, nicht mehr in Island, sondern auf der Vulkaninsel Stromboli. Doch lassen wir Axel selbst berichten: »Oh, wundervolle Reise! […] Wir verließen die Region des ewigen Schnees gegen die des ewigen Grüns, und den grauen Nebel der Eiszonen über unseren Köpfen gegen den lasurblauen Himmel Siziliens.«

Manchmal übertrifft eben die menschliche Fantasie die nüchternen Fakten der Wissenschaften bei Weitem!

Gründe für das wissenschaftliche Scheitern von Halley

Er hatte zwar die richtige Beobachtung gemacht, dass der magnetische Nordpol nicht beim geografischen Nordpol liegt, sondern herumwandert, aber Halleys Hypothese der Hohlerde war dann doch etwas zu fantasievoll.

6. Kapitel

Georg Ernst Stahl und sein inexistenter Feuerstoff

*Georg Ernst Stahl (*1659 in Ansbach; †1734 in Berlin), deutscher Alchemist, Chemiker, Mediziner und Metallurg.*

An einem dunklen Winterabend des Jahres 1695 saß der Medizinprofessor und Chemiker Georg Ernst Stahl in seinem Studierzimmer in Halle an der Saale in Deutschland und starrte in eine Kerze, die den Raum knapp erleuchtete. Die Kerze beschäftigte ihn schon längere Zeit: Stahl trieb die Frage um, was bei ihrer Verbrennung – und bei allen Verbrennungen überhaupt – geschieht?

Ende des 17. Jahrhunderts waren die Zeiten, da die Gelehrten wissenschaftliche Fragen bei Aristoteles nachschlugen, endgültig vorbei. Nur durch sorgfältig geplante und durchgeführte Experimente ließen sich die Geheimnisse der Natur enträtseln. Stahl wog deshalb ein Stück Holz und notierte sich das Gewicht, zündete dieses Holzstück dann an und wog das Gewicht der übrigbleibenden Asche. Er stellte fest, dass das Holz beim Verbrennen an Gewicht verloren hatte und erklärte dies durch das Entweichen eines Feuerstoffes. Ihn nannte Stahl – nach dem altgriechischen Wort für Flamme – Phlogiston.

Stahls Theorie war einfach zu verstehen und eroberte das Denken der damaligen Chemiker im Sturm. Wie Goethes Faust agierten sie oft als Alchemisten und waren auf der Suche nach dem Stein der Weisen. Mit Stahls Annahme ließen sich viele Phänomene in der Chemie erklären: Wasser brennt nicht, da es kein Phlogiston enthält, Alkohol hingegen hervorragend, da er größtenteils aus diesem Feuerstoff besteht. Stahls wissenschaftlicher Ruhm wuchs schnell, er stand aber auf wackligen Füssen. Denn so betörend einfach die Phlogistonhypothese war, es tauchten bald Widersprüche auf. Bei der Verbrennung von Eisenpulver nimmt dieses an Gewicht zu. Stahl erklärte dies durch eine zweite, eine »negative« Form von Phlogiston in brennbaren Metallpulvern, das beim Entweichen aus dem Metall eine Gewichtszunahme zur Folge habe. Aber in der wissenschaftlichen Gemeinschaft wuchsen die Zweifel, immer mehr Resultate aus Verbrennungsversuchen passten nicht ins Phlogiston-Gedankengebäude.

Der französische Chemiker Antoine Lavoisier (siehe Kapitel 8), entdeckte schließlich 1775, dass es in Wirklichkeit der Sauerstoff der Luft ist, der für das Verbrennen von Stoffen sorgt. Beim Anzünden von Holz verbindet sich der Kohlenstoff im Holz mit dem Luftsauerstoff zum gasförmigen Kohlendioxid, das entweicht und dadurch zu einer Gewichtsreduktion führt. Bei Metallen bleiben ihre Reaktionsprodukte mit dem Sauerstoff als Oxide in fester Form als Überzug auf den Metallteilchen, ähnlich dem Rost des Eisens. Sie werden dadurch schwerer. Im Schulzimmer lässt sich die Phlogistonhypothese leicht demonstrieren und ebenso leicht widerlegen: Ein Blatt Papier wird gewogen, angezündet und die daraus entstandene Asche erneut gewogen: Die Asche ist im Vergleich zum Papier leichter! Ganz anders bei der Stahlwatte: Wenn man sie mittels einer 9-Volt-Batterie zum Aufleuchten bringt, wird sie schwerer! Die einfache Demonstration zeigt, wie in den Naturwissenschaften neue Erkenntnisse gewonnen werden: über Irrtümer und geistige Sackgassen. Wir wissen, dass der gegenwärtige Kenntnisstand nicht vom Himmel gefallen ist, sondern manchmal nur dem momentanen Stand des Irrtums entspricht. Georg Ernst Stahl, der manch persönliche Tragödie erlebt hatte – seine erste Frau starb noch im Wochenbett, das Töchterchen drei Monate später, die zweite Frau erlitt das gleiche Schicksal – erlebte das Ende seiner Hypothese nicht mehr. Er starb 1734, vierzig Jahre vor der Entdeckung des Sauerstoffs. Es sei ihm gegönnt!

Gründe für das wissenschaftliche Scheitern von Stahl

Georg Stahl war zwar ein hervorragender Experimentator und entwickelte daraus eine verführerisch einfache Erklärung des Verbrennungsvorgangs. Aber er blieb mit seiner Arbeit auf halbem Weg stehen, da er diese Vorgänge nicht an Metallen untersuchte, was seine Phlogistonhypothese falsifiziert hätte.

7. Kapitel

Jeanne Baret, die Botanikerin, die keine Frau sein durfte

*Pseudonym Jean Baré, (*1740 in La Comelle, †1807 in Paris), französische Naturforscherin und Botanikerin.*

»Das ist eine Frau«, schrien die Bewohner von Tahiti am 28. Mai 1768, als der französische Botaniker Philibert de Commerçon zusammen mit seinem vermeintlichen Assistenten die Südseeinsel betrat. Die Beiden nahmen an der ersten französischen Weltumseglung teil und wollten die Pflanzenwelt des Pazifiks nach für den Menschen nützlichen Gewächsen erkunden. Der Gehilfe und Kammerdiener von Commerçon, der schmächtige, aber ausdauernde Jean Baret, musste daraufhin vor der ganzen Mannschaft der Expedition zugeben, eigentlich eine Jeanne zu sein!

Wie kam es zu dieser seltsamen Offenbarung des Sammelgehilfen Baret, der in Wirklichkeit die Geliebte von Commerçon war?

Blenden wir einige Jahre zurück. Jeanne Baret wuchs unter ärmlichen Bedingungen im Burgund auf. Schon früh war sie von den Heilkräutern ihrer Heimat fasziniert und eignete sich immense Kenntnisse über Heilpflanzen an. Auf einer Sammelreise traf sie 1759 den Botaniker Philibert de Commerçon. Der Forscher war sehr bewandert im Einteilen der Pflanzen in Gruppen wie Familien, Gattungen und Arten. Die praktisch arbeitende Kräuterfrau und der botanische Theoretiker entdeckten ihre Liebe zueinander: Jeanne bekam ein Kind. Aber der Forscher aus niederem Adel fürchtete um seinen gesellschaftlichen Ruf und kümmerte daher sich nicht um seinen Sohn. Jeanne war gezwungen, das Kleinkind in Paris in den Vorläufer einer Babyklappe zu legen. Immerhin war es ihr erlaubt, beim standesbewussten Forscher in dessen Pariser Wohnung eine Art Tarnexistenz als Haushaltshilfe und Köchin zu führen.

Als Frankreich seine nordamerikanischen Kolonien an England verlor, brauchte der König ein Projekt, das sein Land wieder zur Grande Nation machen würde: Eine Weltumsegelung! Vielleicht gab es ja tatsächlich den geheimnisvollen Südkontinent, den man für König Louis XVI. und das Vaterland in Besitz nehmen konnte?

Der Oberst und Mitglied der Académie des Sciences Louis-Antoine de Bougainville sollte mit zwei Schiffen die Welt umsegeln und nach möglichen Kolonien und neuen Nutzpflanzen suchen, mit denen Frankreich reich werden und den Briten mit ihrem Tee, Kaffee, Kakao und den vielen exotischen Gewürzen Paroli bieten könnte.

Die Reise würde über Südamerika, Tahiti und Indonesien nach Mauritius führen. Commerçon wurde als Expeditionsbotaniker engagiert und nahm Jeanne großzügigerweise als seine pflanzenkundige und zupackende Assistentin mit. Aber weil Frauen auf den Schiffen der französischen Kriegsmarine nicht zugelassen waren, musste sich die abenteuerlustige Kräuterfrau Jeanne mithilfe von Verbandsstoff und weiten Kleidern in einen Jean verwandeln. Damit ihre Camouflage nicht aufflog, arbeitete sie strenger als ein Mann und schleppte das ganze wissenschaftliche Material auf Landgängen mit. Commerçon nannte sie in seinem Tagebuch wenig charmant seinen Packesel.

Jeanne Barets Tragik war, dass sie gezwungen war, ihr Frausein mit großem Aufwand zu verleugnen. Bei der Landung in Tahiti bekam die Schiffsbesatzung Geschenke von den Einheimischen, je eines für Frauen und Männer. Ein junger Adliger, Karl Heinrich Nikolaus Otto von Nassau-Siegen, geschminkt, mit langen Haaren und der femininen Kleidung im Stil des damaligen Rokoko, bekam das Männergeschenk. Jeanne Baret wurde trotz ihres männlichen Aussehens von den Einheimischen als Frau identifiziert, was bei der Mannschaft des Schiffes für Verwirrung sorgte. Als sie dann etwas später ihre wahre Identität preisgeben musste, wurde sie von einer Gruppe von Seeleuten der Expedition vergewaltigt und wurde daraufhin schwanger.

Nach diesem Verbrechen trennte sich das Paar in Mauritius von der Expedition, wo Jeanne und ihr Liebhaber fünf Jahre bis zu dessen Tod lebten. Barets großartige wissenschaftliche und emanzipatorische Leistung wurde bis in die jüngste Vergangenheit kaum gewürdigt. Obwohl sie gegen 6000 Pflanzen nach Paris gesandt hatte, gab es kein Gewächs, das nach ihr benannt wurde, ganz im Gegensatz zu den 70 Arten, die Commerçons Namen tragen. Auch der Leiter der Expedition wurde mit der farbenprächtigen Bougainvillea unsterblich. Erst 2012 bekam ein Nachtschattengewächs, deren Früchte an kleine Tomaten erinnern, den wissenschaftlichen Namen »Solanum baretiae«, eine kleine und sehr späte Hommage an die zähe und unerschrockene Jeanne. Sie hatte das Pech, in einer Zeit zu leben, die zwar »Siècle des Lumières« hiess und in der alle Menschen Brüder werden sollten. Aber die Frauen waren – auch in den Wissenschaften – offensichtlich nicht mitgemeint.

Gründe für das wissenschaftliche Scheitern von Baret

Jeanne Baret hatte fast alles richtig gemacht, um in den wissenschaftlichen Himmel zu gelangen. Ihr »Fehler« war, dass sie eine Frau war, denn diese hatten in der Zeit des Ancienne Régime absolut keinen Platz in der männerdominierten Forschung.

8. Kapitel

Lavoisier und sein Sauerstoff, der nicht sauer war

*Antoine Laurent de Lavoisier (*1743 in Paris; †1794 ebenda), französischer Chemiker, Naturwissenschaftler, Rechtsanwalt, Hauptzollpächter, Ökonom und Leiter der französischen Pulververwaltung.*

»**La Republique** n'a pas besoin de savants.« (Die Revolution braucht keine Gelehrten). Dies sagte der Staatsanwalt Coffinal während des Schauprozesses gegen den königlichen Generalsteuerpächter, Direktor der staatlichen Pulververwaltung und vor allem brillanten Chemiker Antoine Laurent Lavoisier. Dass diese Aussage im Widerspruch zu den Idealen der Französischen Revolution mit ihrer Begeisterung für die Aufklärung und der Vernunft stand, fiel im Blutrausch des Großen Terrors von Robespierre und Co. wohl den Wenigsten auf.

Wer war dieser Gelehrte, den die Revolutionäre nicht brauchten? Lavoisier wuchs in einem vermögenden Elternhaus auf, sein Vater war Arzt und Rechtsanwalt, die Mutter stammte aus einer Advokatendynastie. Schon früh begeisterte sich Lavoisier für Naturwissenschaften, studierte aber auf Wunsch seines Vaters Jura. Aber statt als Anwalt zu arbeiten, richtete er sich ein Labor ein, wo er sich zunächst mit Geologie beschäftigte. Nebst seiner Erwerbstätigkeit als leitender Mitarbeiter bei der Zollbehörde blieb ihm genügend Zeit, um sich mit Arbeiten zur Natur der Elemente und mit den Abläufen bei Verbrennungen zu beschäftigen. Lavoisier war ein hervorragender Experimentator und überprüfte in langen Versuchsreihen die chemischen Hypothesen anderer Forscher seiner Zeit. Durch seine dreistufige Beschreibung seiner Experimente, die in den Wissenschaften bis heute Bestand hat: Erstens »Materialien und Methoden«, zweitens »Versuchsergebnisse« und drittens »Diskussion«, aber auch durch seine überaus genaue quantitative Vorgehensweise (er benutzte präzise Waagen) stellte er die Chemie in den Rang einer exakten Naturwissenschaft. Er konnte durch geniale Versuche zeigen, dass das Wasser kein Element ist und somit die Ideen Aristoteles über den Aufbau der Stoffe widerlegen. Lavoisier erhitzte Eisenspäne, bis sie glühten, ließ dann Wasserdampf darüberstreichen und stellte fest, dass sich das Eisen zu Eisenoxid verwandelte und dabei schwerer wurde. Der Chemiker bemerkte, dass das Wasser sich teilweise in ein Gas verwandelt hatte, das er Hydrogène nannte, d. h. wasserbildend, denn wenn er dieses Gas zusammen mit Luft entzündete, bekam er wieder Wasser. Daher ist die Bezeichnung für dieses Gas auf Deutsch sinnigerweise Wasserstoff. Lavoisier schrieb dazu: »Die Verbrennung der beiden Luftarten und ihre Umwandlung zu Wasser, Gewichtsteil für Gewichtsteil, erlaubt kaum noch Zweifel daran, dass diese Substanz, die bislang als Element betrachtet wurde, ein zusammengesetzter Stoff ist.«

Im Jahr 1777 beschäftigte sich Lavoisier mit der Frage, was eigentlich einen Stoff sauer macht. Zu diesem Zweck löste er die Verbindungen CO_2, SO_2, SO_3, NO_2 und P_2O_5 in Wasser und stellte fest, dass die dabei erhaltenen Flüssigkeiten allesamt sauer waren. Da die Gemeinsamkeit in allen von ihm verwendeten Stoffe der Sauerstoff (O) war, kam er zum allerdings falschen Schluss, »[…], dass diese reinste, alleinig atembare Luft als eigentlich säurebildendes Prinzip in allen Säuren vorhanden ist und, je nachdem einen oder anderen mit verbindendem Prinzip, bald die eine, bald die andere Säure bildet. Ich betrachte diese Auffassung als bereits vollständig berechtigt und begründet und werde darum anstelle der Bezeichnungen ›dephlogistiert‹* oder ›allein atembar‹ den Ausdruck ›Oxygène: säuerndes Prinzip‹ verwenden.«

Obwohl auch der deutsche Name Sauerstoff nahelegt, dass dieses Element verantwortlich für die Eigenschaft sauer sei, ist es in Wirklichkeit der Wasserstoff, der der für das Saure verantwortlich ist.

* dephlogistiert = ohne Phlogiston, vgl. 6. Kapitel Stahl.

Lässt man CO_2 (Kohlendioxid) mit Wasser reagieren, erhält man die Kohlensäure, in chemischer Schreibweise: $CO_2 + H_2O \rightarrow H_2CO_3$. Diese Kohlensäure spendet nun ein H^+-Teilchen, das mit einem Molekül Wasser zu einem H_3O^+-Ion reagiert. Sobald ein solches Teilchen sich in speziellen Gruben auf unserer Zunge einlagert, empfinden wir ein Gefühl der Säure. Daher kommen in allen Säuren Wasserstoff-Atome H vor, wie beispielsweise in Salzsäure HCl, Schwefelsäure H_2SO_4, Salpetersäure HNO_3 oder Essigsäure CH_3COOH.

Am 7. Mai 1794, dem Tag vor seiner Hinrichtung, schrieb der bedeutendste französische Chemiker des 18. Jahrhunderts seiner Frau Maria: »Leider sind weder gesellschaftliche Tugenden noch die dem Vaterland geleisteten wichtigen Dienste noch eine im Interesse des Fortschritts der menschlichen Wissenschaft und Kenntnisse nützlich verbrachte Laufbahn genügend, um einen Menschen vom düsteren Ende zu retten und ihn davor zu bewahren, dass er als Verbrecher sterben muss.«

Es mutet daher schon makaber an, dass die Führer der Französischen Revolution ausgerechnet im Jahr der Hinrichtung des Gelehrten Lavoisier die Pariser Kathedrale Notre-Dame in einen »Tempel der Vernunft und der Freiheit« umwandelten …

Gründe für das wissenschaftliche Scheitern von Lavoisier
Sein einziger Fehler war seine Idee, dass das sauer machende Prinzip der Säuren der Sauerstoff und nicht der Wasserstoff sei. Die wissenschaftliche Präzision bei seinen Experimenten ist aber bis heute State of the Art in der Chemie!

9. Kapitel

Die dezimale Zeit – Charles-Gilbert Romme und sein revolutionärer Kalender

*Charles-Gilbert Romme (*1750 in Riom (Département Puy-de-Dôme); †1795 in Paris), Mathematiker und Politiker während der Französischen Revolution.*

Es sollte ein denkwürdiger Tag in der Geschichte Frankreichs werden. Am 14. Juli 1789 stürmten aufgebrachte Menschen die Stadtfestung La Bastille von Paris, um sich gegen die königlichen Truppen zu bewaffnen. Die Wut der Menge war grenzenlos, sie hatte genug vom ausbeuterischen Regime von König Louis XVI und seiner adligen Clique. Der Sturm auf die Bastille gelang, die Französische Revolution hatte ihr Symbol und Frankreich seinen Nationalfeiertag. Dass statt politische Gefangene nur vier Urkundenfälscher, zwei Geisteskranke und vermutlich der adlige Schriftsteller Marquis de Sade, den seine Familie wegen seines wüsten Lebenswandels in der Bastille hatte festsetzen lassen, anzutreffen waren, spielte für die Signalwirkung dieser Aktion keine Rolle. Den Revolutionären war das Ancien Regime verhasst, die Abschaffung der Monarchie und der Kirche als treue Unterstützerin der führenden Schicht Frankreichs waren Programm. Alles, was an den christlichen Glauben erinnerte, wollten Robespierre und seine Gesinnungsgenossen aus dem Gedächtnis des Volkes ausmerzen. Und hier tritt nun Charles-Gilbert Romme auf die revolutionäre Bühne. Nach einer Ausbildung in Naturwissenschaften und Mathematik wirkte er sieben Jahre in Russland als Hoflehrer. 1788 kehrte er nach Frankreich zurück und schloss sich nach dem Sturm auf die Bastille als Intellektueller der Revolution an. 1791 wurde er Mitglied des Nationalkonvents. Als Vertreter der Linken stimmte er für die Hinrichtung Ludwigs XVI. und wurde zu einem Befehlshaber der revolutionären Armee ernannt.

Da Robespierre alle Erinnerungen an die Kirche und den christlichen Glauben tilgen wollte, brachte Romme die Idee eines Revolutionären Kalenders ein: Weil eine Woche nach Vorbild der Bibel sieben Tage hat, machte der antiklerikale Mathematiker daraus die Dekade mit zehn Tagen:

1. Primidi, der erste Tag
2. Duodi, der zweite Tag
3. Tridi, der dritte Tag
4. Quartidi, der vierte Tag
5. Quintidi, der fünfte Tag
6. Sextidi, der sechste Tag
7. Septidi, der siebte Tag
8. Octidi, der achte Tag
9. Nonidi, der neunte Tag
10. Decadi, der zehnte Tag

Der Tag sollte in zehn Stunden (*heure décimale*) zu 100 Minuten (*minute décimale*) zu 100 Sekunden (*seconde décimale*) eingeteilt werden.

Das Jahr besaß zwölf Monate zu 30 Tagen mit jeweils drei Dekaden. Dazu kamen fünf (in Schaltjahren sechs) Ergänzungstage.

Die zwölf Monate des republikanischen Kalenders wurden in vier jahreszeitliche Gruppen eingeteilt, beginnend mit dem Jahrestag der Republik als dem ersten Tag des Jahres:

Herbst auf *-aire* endend	1. Vendémiaire	Weinlesemonat	22.09.–21.10.
	2. Brumaire	Nebelmonat	22.10.–20.11.
	3. Frimaire	Reifmonat	21.11.–20.12.
Winter auf *-ôse* endend	4. Nivôse	Schneemonat	21.12.–19.01.
	5. Pluviôse	Regenmonat	20.01.–18.02.
	6. Ventôse	Windmonat	19.02.–19.03.

Frühling auf -*al* endend	7. Germinal	Keimmonat	20.03.–18.04.
	8. Floréal	Blütenmonat	19.04.–18.05.
	9. Prairial	Wiesenmonat	19.05.–17.06.
Sommer auf -*idor* endend	10. Messidor	Erntemonat	18.06.–17.07.
	11. Thermidor	Hitzemonat	18.07.–16.08.
	12. Fructidor	Fruchtmonat	17.08.–16.09.

Romme schrieb in revolutionärem Pathos: »Die Revolution hat die Seelen der Franzosen gestärkt, sie formt sie jeden Tag neu hin zu republikanischen Tugenden. Die Zeit eröffnet der Geschichte ein neues Buch. Und in diesen Zeitlauf, der so majestätisch und so einfach ist wie die Gleichheit, wird sie mit einem neuen und kraftvollen Griffel die Annalen des erneuerten Frankreichs einzeichnen.«

Dieser neue Kalender, der Vernunft und nicht mehr dem Glauben gewidmet, blieb eine kurzzeitige Erscheinung. Dass eine Woche jetzt zehn statt sieben Tage haben sollte, wurde vom Volk aus naheliegenden Gründen nicht goutiert; wer arbeitet schon gerne neun statt sechs Tage bis zum nächsten freien Tag? Aber noch wichtiger war die Machtübernahme durch Napoleon: Nur schon seine Krönung zum Kaiser zeigte, dass die Revolution zu Ende war und alte Ideen wieder salonfähig wurden. Daher existierte Rommes Republikanischer Kalender nur von 1792 bis 1805.

Für seinen Schöpfer gilt leider das Diktum, wonach die Revolution ihre eigenen Kinder frisst. Als Führer eines Aufstands gegen den revolutionären Konvent wurde Romme verhaftet. Mittels eines eingeschmuggelten Messers brachte sich der Kalenderschöpfer nach der Verkündigung seines Todesurteils mit den Worten »Ich sterbe für die Republik« im Gerichtssaal um.

Aber ein kleiner Rest von Rommes Ideen lebt weiter: Beispielsweise geht es bei Skirennen oft um Zehntel- oder Hundertstelsekunden und nicht um Sechzigstel oder Dreitausensechshundertstel einer Sekunde! Hier hat sich der revolutionäre Geist der dezimalen Zeitrechnung in die Gegenwart retten können!

Gründe für das wissenschaftliche Scheitern von Romme

Erstens stiess seine Idee von der zehntägigen Woche bei der arbeitenden Bevölkerung auf massiven Widerstand und zweitens befand Napoleon I., dass die Französische Revolution vorbei sei und somit auch der revolutionäre Kalender auf den Abfallhaufen der Geschichte gehöre.

10. Kapitel

Mehr Fiction denn Science – Urbain Le Verrier

*Urbain Jean Joseph Le Verrier oder auch Urbain Leverrier (*1811 in Saint-Lô, Frankreich; †1877 in Paris), französischer Mathematiker und Astronom.*

»Viele Mythen basieren auf der Wahrheit«, sagt Dr. Spock, seines Zeichens wissenschaftlicher Offizier auf der USS Enterprise in der populären Science-Fiction-Reihe Star Trek. Er muss es wissen, denn sein Vater stammt vom mysteriösen Planeten Vulcan, der die Astronomen im 19. Jahrhundert an der Nase herumgeführt hatte.

Im Jahre 1859 vermutete der Leiter der Sternwarte in Paris, Urbain Le Verrier, dass zwischen Merkur und der Sonne ein weiterer, bis dato unbekannter Planet vorhanden sein musste. Le Verrier wusste, wovon er sprach, schließlich war er es, der 13 Jahre zuvor anhand von Abweichungen der Bahn des Planeten Uranus die Idee hatte, dass das Holpern der Uranusbahn als Ursache die Anziehungskraft eines weiter entfernten Planeten hatte. Der Astronom berechnete den Aufenthaltsort dieses unbekannten Himmelskörpers und schlug seinen Kollegen vor, sich auf die Suche nach diesem Planeten zu machen. Zu seinem Ärger wollte aber kein anderer französischer Astronom diese Fleißarbeit übernehmen, so dass er sich gezwungen sah, den deutschen Astronomen Johann Gottfried Galle zu bitten, mit dem Fernrohr der Berliner Sternwarte nach dem unbekannten Himmelskörper zu suchen. Galle fand dank Le Verriers Positionsangaben nach knapp einer halben Stunde den jetzt Neptun genannten Planeten! Mit seiner Entdeckung erntete der deutsche Astronom wissenschaftliche Anerkennung, die Le Verrier versagt blieb.

Le Verrier glaubte nun aufgrund von ähnlichen Abweichungen der Merkurbahn die Existenz des Planeten Vulcan beweisen zu können. Kurz nach seinem Vortrag über seine vermeintliche Entdeckung an der Pariser Akademie der Wissenschaften trafen Nachrichten über weitere Beobachtungen des Vulcans ein. Besonders der Arzt und Hobbyastronom Edmond Modeste Lescarbault schien Le Verrier ein vertrauenswürdiger Zeuge des neuen Planeten zu sein. Der Arzt beschrieb einen kleinen dunklen Körper, der sich über die Sonnenscheibe bewegte und notierte die Bahn und die Geschwindigkeit desselben. Die Daten stimmten mit den theoretischen Eigenschaften von Vulcan überein. In den nächsten Jahren beschäftigte sich die Fachwelt intensiv mit dem neuen Himmelskörper, allerdings waren die Resultate ernüchternd. Manche Beobachtungen des Vulcan-Transit (Bewegung über die Sonnenscheibe) ließen sich mit Sonnenflecken erklären, andere durch Reflexe in den Fernrohren oder sogar durch temporäre Sehstörungen der Beobachtenden, verursacht durch die große Helligkeit der Sonne. Den Planeten in der Nähe der Sonne aufzufinden war wegen des intensiven Lichtes kaum erfolgversprechend; befindet sich der Vulcan weit weg von der Sonne, erscheint er auf der Erde auch in den damalig leistungsfähigen Fernrohren als zu lichtschwach. Im populärwissenschaftlichen Werk »Das Buch der Astronomie« von 1880 äussert der Autor H. Baeblich die Hoffnung, dass »… eine schwache Möglichkeit vorhanden sei, dass der Planet bei vollem Tageslicht wieder entdeckt werden könnt, wenn man ein großes Fernrohr mit einer langen Röhre versieht, welche sich über das Objektivglas hinaus erstreckt und den Beobachter in den Stand setzt, den Himmel innerhalb von eines bis zweier Grade von der Sonne zu prüfen, ohne das Sonnenlicht auf die Linse fallen zu lassen. Hoffen wir, dass die […] Methode von Erfolg gekrönt sei.« Doch der Vulcan blieb verschwunden und 1915 versetzte Albert Einstein mit seiner Relativitätstheorie dem rätselhaften Planeten den Todesstoß. Nach Einsteins Idee verändert die Schwerkraft der Sonne den Raum in der Umgebung unseres Tagesgestirns, was die Unregelmäßigkeiten in der Merkurbahn einfach erklären lässt, somit ist kein zusätzlicher Planet mehr nötig. Le Verrier, der übrigens auch die ersten Wetterkarten gezeichnet hatte, musste die Widerlegung seiner Vulcan-Hypothese nicht mehr erleben. Er starb 38 Jahre bevor Einstein seine revolutionäre Theorie veröffentlichte, die die Astronomie auf ein völlig neues Fundament setzte.

Doch wie sagt der weltraumerprobte Dr. Spock so treffend?

»I like science!«

Gründe für das wissenschaftliche Scheitern von Le Verrier

Man kann die Unregelmäßigkeiten der Planetenbahnen nicht nur durch die Existenz noch unbekannter Planeten erklären, sondern weitaus überzeugender mit Einsteins Relativitätstheorie, die allerdings erst nach Le Verriers Tod die Astronomie revolutionierte.

11. Kapitel

Pettenkofer und seine falsche, aber lebensrettende Idee

*Max Josef von Pettenkofer (*1818 in Lichtenheim bei Neuburg an der Donau; †1901 in München), deutscher Mediziner, Physiologe, Hygieniker, Chemiker und Apotheker.*

»Schicken Sie mir einige von Ihren sogenannten Cholerabazillen, und ich will ihnen beweisen, wie harmlos sie sind!« Dies sagte der deutsche Arzt und Hygieniker Max Josef von Pettenkofer im Jahre 1892 in München, hob einige Tage später ein Glas mit einer gelblich-trüben Flüssigkeit in die Höhe und trank es vor den staunenden Kollegen und Studenten leer. Pettenkofer war sich seiner Sache sicher, denn seiner Meinung nach waren es nicht diese von Robert Koch entdeckten Bakterien, die die gefürchtete Seuche Cholera hervorriefen, sondern ein aus feuchten Böden aufsteigendes krank machendes Gas, das Miasma.

Der mutige Pettenkofer wurde 1818 als fünftes von acht Kindern in eine arme Bauernfamilie geboren. Dank seines Onkels Franz Xaver Pettenkofer, der königlich bayerischer Hofapotheker war, konnte Max das Gymnasium besuchen und später in München Naturwissenschaften, Pharmazie und Medizin studieren. Er beschäftigte sich zunächst mit Themen wie der Entdeckung des Kreatinins in der Muskulatur, der Herstellung von Suppenwürfeln oder der Synthese von Leuchtgas aus Holz.

In späteren Jahren wandte sich Pettenkofer der Hygiene zu. Er untersuchte den Einfluss von guter Lüftung in Spitälern, der Wichtigkeit funktionierender Abwassersysteme und einwandfreien Trinkwassers. Pettenkofer gelang es die Verantwortlichen der Stadt München zu überzeugen, dass Hygiene die Lebensqualität vor allem der ärmeren Bevölkerung der bayrischen Hauptstadt massiv verbessern wird.

Als 1854 in München die Cholera ausbrach, glaubte Pettenkofer nicht, dass diese Krankheit von einem Erreger ausgelöst werde, sondern dass das »contagiöses Element Y oder Miasma, eine Art Gas, am Ausbruch dieser Krankheit schuld sei.« Dies, obwohl bereits im Jahre 1846 der dänische Arzt Peter Ludvig Panum bei einer Untersuchung über die Ausbreitung einer Maserninfektion auf den Färöern zum Schluss kam, dass es sich beim Erreger nicht um Miasma handeln konnte und an der Existenz dieses krank machenden Gases überhaupt zweifelte.

Den Maßnahmen gegen das geheimnisvolle Element Y verdankte München seine Kanalisation und eine zentrale, moderne Trinkwasserverteilung, die das alte, unhygienische Brunnen-System überflüssig machte. Dank dieser Bemühungen galt München danach als eine der saubersten Städte Europas.

Allerdings war die Bekämpfung der Cholera nicht immer Pettenkofers oberstes Ziel. So meinte er zu den Grenzen von Maßnahmen gegen Seuchen: »Der freie Verkehr ist ein so großes Gut, dass wir es nicht entbehren könnten, selbst um den Preis nicht, dass wir von Cholera und noch vielen anderen Krankheiten verschont blieben. Eine Sperre des Verkehrs bis zu dem Grade, dass die Cholera durch denselben nicht mehr verbreitet werden könnte, wäre ein viel größeres Unglück als die Cholera selbst, und die Völker würden die blutigsten Kriege führen, um folgende Schranken wieder zu brechen, wenn die ihnen auferlegt würden.«

Überzeugt von seinen Ideen, setzte er sein Leben mit dem erwähnten Trinken einer Bakterienmischung aufs Spiel. Sein Forschergegner Robert Koch behauptete, dass die Kleinlebewesen Vibrio cholerae Ursache dieser gefürchteten Krankheit seien und nicht irgendwelche Ausdünstungen aus dem Boden.

Pettenkofer meinte zu Kochs Hypothese, »dass […] ein so nichtssagendes Experiment nur der Erwähnung werth findet, zeigt hinreichend, dass er in experimenteller Fragestellung nicht geübt ist«.

Wie wir heute wissen, hatte Koch recht und Pettenkofer hatte seinen tollkühnen Versuch wahrscheinlich nur darum überlebt, weil er bereits durch einen früheren Kontakt mit dem Erreger immun war. So konnte eine falsche wissenschaftliche Idee trotzdem zu einem segensreichen Fortschritt führen und unzähligen Menschen in den Großstädten Europas gegen Ende des 19. Jahrhunderts vor Elend und Tod bewahrt haben.

Gründe für das wissenschaftliche Scheitern von Pettenkofer

Pettenkofer befand sich mit seiner Vermutung, dass giftige Gase aus dem Boden und dem Abwasser die Menschen an Cholera erkranken ließen, in einer wissenschaftshistorischen Tradition seit der Antike. Im Namen Malaria, was schlechte Luft bedeutet, lebt diese Idee weiter. Die Fortschritte im Bau von Mikroskopen offenbarte die Existenz krank machender Mikroorganismen und widerlegte dadurch die alte Miasmenhypothese.

12. Kapitel

Francis Galton und die Weisheit der Massen

*Sir Francis Galton (*1822 in Sparkbrook, Birmingham; †1911 in Haslemere, Surrey) britischer Statistiker, Psychologe, Meteorologe, Kriminalistiker und Reiseschriftsteller.*

An einem Herbsttag im Jahre 1906 beobachtete der britische Forscher Francis Galton an einer Landwirtschaftsausstellung im englischen Plymouth einen Wettbewerb, bei dem es darum ging, das Gewicht eines Ochsen zu schätzen. Galton war ursprünglich Mediziner, wurde aber dank einer Erbschaft frühzeitig von der Mühsal des täglichen Broterwerbs befreit. Er verkörperte den Prototypen des viktorianischen Privatgelehrten: fleißig, standesbewusst, weltoffen und vielseitig interessiert. Der Wissenschaftler schuf den meteorologischen Begriff »Hochdruckgebiet«, führte den Fingerabdruck als Identifikationsmerkmal in die Kriminalistik ein und konstruierte das nach ihm benannte Brett zur Demonstration der Wahrscheinlichkeitsverteilung. Zudem erforschte der vielseitig interessierte Brite Afrika, schrieb ein Handbuch für Tropen-Reisende und erfand die Ultraschall-Pfeife, die bis heute bei der Hunde- und Delfindressur eingesetzt wird.

Seine Leidenschaft galt allerdings der Frage, wie die Intelligenz von Generation zu Generation weitergegeben wird. Er glaubte, dass es allein die Erbanlagen seien, welche die Intelligenz des Menschen bestimmen. Angeregt durch die Arbeiten seines berühmten Cousins Charles Darwin, wollte Galton zeigen, dass nicht nur körperliche Merkmale wie die Augenfarbe oder die Blutgruppe, sondern auch geistige Fähigkeiten vererbt werden. Er führte den mittlerweile durch die Verbrechen der Nationalsozialisten völlig diskreditierten Begriff der Eugenik ein und meinte damit, dass die Träger (Frauen kommen in seinen Studien nicht vor!) des besten Erbgutes einer Rasse mehr Nachkommen haben sollten als der Durchschnitt. Der Staat habe darum die Aufgabe, dafür zu sorgen, dass Hochbegabte früher heirateten und damit mehr Kinder hätten als alle anderen. Die katholische Kirche hingegen sei ein Hemmnis bei der Vermehrung Hochbegabter, da das Zölibat verhindere, dass sich überdurchschnittlich intelligente Männer fortpflanzen würden.

Zurück zum Ochsen-Wettbewerb in Plymouth. Galton glaubte, dass sich die 787 Teilnehmer an der Schätzung gewaltig über das wahre Gewicht des Ochsen täuschen würden, denn nach seiner Vermutung waren nur wenige Experten wie Viehhändler oder Metzger im Publikum. Der Rest sei so wenig Fachmann wie der durchschnittliche englische Wähler (Großbritannien kannte zu Galtons Zeiten noch nicht das Frauenstimmrecht!), was dessen Allgemeinwissen über Politik angehe.

Galton, der die statistischen Methoden in die Geisteswissenschaften einführte und als Vater der experimentellen Psychologie gilt, wertete die Wettbewerbszettel sorgfältig aus. Er war sehr erstaunt, dass der durchschnittliche Schätzwert von 1207 Pfund nur um 0,8 % Prozent vom tatsächlichen Gewicht des Ochsen abwich. Somit hatten die Besucher der Landwirtschaftsmesse, ohne zur Elite zu gehören, eine Art Schwarmintelligenz an den Tag gelegt. Der Durchschnitt aller Teilnehmer war sogar präziser als die Schätzung der Fachleute!

Diese Weisheit der Massen – der Upperclass-Forscher nannte sie Vox populi – zwang ihn zur Erkenntnis, dass nicht nur körperliche Merkmale wie die Körpergröße einer Normalverteilung folgen soll – (wenig Kleinwüchsige, viele Mittelgroße, wenige Riesen), sondern dass dies offenbar auch auf die geistigen Fähigkeiten der Menschen aller Schichten zutrifft. Galton, für seine vielfältigen wissenschaftlichen Leistungen von König Eduard VII. zum Ritter geschlagen, starb 1911 im Alter von mit 89 Jahren.

Nicht alle seiner in über 340 Publikationen veröffentlichten Ideen bestanden jedoch den Lackmustest der Nachgeborenen. Insbesondere seine Arbeiten über Rassen, die aus seinen falschen

Vorstellungen der Vererbung entstanden, schmälern heutzutage seinen wissenschaftlichen Ruhm. So schrieb Galton z. B. in Hereditary Talent and Character 1865 »Die Angehörigen einer ›niederen Rasse‹, die von Weißen aufgezogen werden, behielten ›eine wilde, unzähmbare Ruhelosigkeit‹, die ›den Wilden angeboren‹ sei.«

Kehren wir nochmals zurück zum Wettbewerb an der Landwirtschaftsausstellung. Dass die Mehrheit nicht nur bei der Schätzung von Ochsengewichten manchmal recht hat, müsste uns als Schweizer Urdemokratinnen und -demokraten eigentlich einleuchten, auch wenn sich die sonntäglichen Abstimmungsresultate nicht immer mit unseren eigenen politischen Meinungen und Ansichten decken müssen.

Gründe für das wissenschaftliche Scheitern von Galton

Galton als Mitglied der englischen Upper Class war sehr angetan von der Idee, dass Intelligenz-Gene innerhalb von Familien weitergegeben werden. Somit käme man schlau auf die Welt wie er selbst und andere hätten eben Pech gehabt und blieben intelligenzmäßig zurück, was als wissenschaftliche Begründung der starren britischen Klassengesellschaft mit ihren Standesdünkeln dienen könnte. Mit faktenbasierter Wissenschaft hatte Galtons Werk allerdings wenig zu tun.

13. Kapitel

Alfred Nobel und sein unpazifistisches Dynamit

*Alfred Bernhard Nobel (*1833 in Stockholm; †1896 in San Remo, Italien) war ein schwedischer Chemiker und Erfinder sowie der Stifter des gleichnamigen Preises.*

Am 3. September 1864 störte eine gewaltige Detonation die damalige Ruhe von Stockholm. Bei diesem Unglück in einer kleinen Fabrik am Söder Mälarstrand kam der Bruder des schwedischen Chemikers Alfred Nobel ums Leben. Ein Ereignis, das den empfindsamen und eigenbrötlerischen Forscher und Fabrikbesitzer in eine tiefe Depression stürzte. Überhaupt zweifelte er stark an sich selbst, obwohl er beruflich äußerst erfolgreich war: 355 Patente wurden ihm zugesprochen und seine Firma, die bis heute seinen Namen trägt, bestand schon zu seinen Lebzeiten aus 93 Fabriken in 20 Ländern. Trotzdem schrieb er im Alter von 54 Jahren: »Größte Verdienste: die Nägel reinzuhalten und nie jemandem zur Last liegen. Größter Fehler: keine Familie zu haben, keine frohe Laune. Bedeutende Ereignisse in meinem Leben: keine.«

Dieser menschenscheue Sonderling wurde 1833 in Stockholm geboren. Sein Vater war Inhaber einer Fabrik für Militärbedarf in St. Petersburg. Alfred fiel schon früh durch seine schulische Begabung auf. Mit 17 Jahren beherrschte er Deutsch, Englisch, Französisch und Russisch, auch war er der Literatur war er sehr angetan. Sein Vater wollte Alfred aber der Welt der Naturwissenschaften zuführen und schickte ihn auf eine zweijährige Reise durch die europäischen Zentren der Technik. In Paris traf er die stoffliche Liebe seines Lebens: die Chemie. Er lernte dabei ein vor Kurzem entdecktes dickflüssiges gelbliches Öl kennen, das Nitroglyzerin. Es explodiert schon bei der kleinsten Erschütterung und taugt daher als Sprengmittel nichts. »Lohn der Angst« heißt ein französischer Thriller, in dem dieses Öl – neben Yves Montand – die Hauptrolle spielt.

Der schöngeistige Tüftler erkannte das Potenzial dieser Verbindung und suchte nach einem Weg, die heimtückische Substanz zu zähmen. Nach vielen Misserfolgen entdeckte er, dass Kieselgur, welches in Drogerien als Mittel gegen brüchige Fingernägel verkauft wird, zusammen mit dem Öl eine teigartige Masse ergab, die nur noch auf einen elektrischen Zündbefehl reagierte: Das Dynamit, auf Deutsch Kraftstoff. Diese Erfindung machte Nobel enorm reich und da er kinderlos blieb, vermachte er die Zinsen seines Vermögens »jenen Personen, die im verflossenen Jahr der Menschheit den größten Nutzen gebracht haben«. Jedes Jahr werden darum am 10. Dezember, dem Geburtstag des Spenders, in Stockholm die Nobelpreise für Physik, Chemie, Medizin und Literatur verliehen. Einzig der Friedensnobelpreis wird in Oslo überreicht, weil Norwegen damals noch ein Teil Schwedens war. Auch die Schweiz profitierte von der Erfindung des Dynamits: Der Bau des Gotthard-Tunnels war damit erst möglich geworden – kein Wunder, blickt Konrad Escher, der Hauptinvestor dieser ingenieurmäßigen Großtat, so selbstsicher vom Zürcher Bahnhofsplatz in die Zukunft.

Zurück zu unserem melancholischen Erfinder: Mit Frauen hatte er kein Glück. Seiner großen Liebe, einer Blumenhändlerin aus Österreich, schenkte er eine Villa in Ischgl, nur um zu erfahren, dass sie ein Kind eines k. u. k. Offiziers erwartete. Trotzdem zahlte der menschenscheue Alfred der Ungetreuen eine lebenslängliche Rente. Einzig mit der bedeutenden böhmischen Pazifistin Bertha Sophia Felicita Freifrau von Suttner pflegte er eine tiefe Freundschaft. Ihr schrieb er: »Meine Fabriken werden vielleicht dem Krieg noch früher ein Ende machen als Ihre Kongresse: An dem Tag, an dem zwei Armeekorps sich gegenseitig in einer Sekunde vernichten können, werden wohl alle zivilisierten Nationen zurückschaudern und ihre Truppen verabschieden.« War er einfach naiv oder hatte er ein schlechtes Gewissen, dass sein Dynamit zwar Tunnelbauten ermöglichte, aber auch das

Leid auf Schlachtfeldern potenzierte? Selten hat ein Erfinder die Konsequenzen seiner Erfindung so falsch eingeschätzt wie Alfred Nobel. Immerhin bekam seine Brieffreundin für ihre Bemühungen um den Weltfrieden 1901 den ersten Friedensnobelpreis. Der Spender und Namensgeber des Preises aber – vereinsamt, aber unermesslich reich – verstarb in seinem Haus in San Remo an Herzinsuffizienz. Ironie des Schicksals: Nitroglyzerin hätte ihm helfen können, nur wusste man damals nichts über die heilende Wirkung dieses Stoffs bei chronischer Herzschwäche …

Warum lag Nobel mit der Beurteilung seiner Erfindung falsch?
Als Wissenschaftler war Nobel mindestens finanziell sehr erfolgreich, aber mit seiner Meinung, dass das von ihm erfundene Dynamit künftige Kriege verhindern würde, lag er katastrophal daneben. Offenbar glaubte er wie viele seiner Zeitgenossen, dass mit dem technischen Fortschritt in der zweiten Hälfte des 19. Jahrhunderts sich auch das soziale Verantwortungsgefühl der Menschen stärker werden würde, dass also auch die Generäle sich abschrecken lassen von der Zerstörungskraft des Dynamits und daher künftig auf Kriege verzichten würden …

14. Kapitel

Schiaparelli und seine verschwundenen Marskanäle

*Giovanni Virginio Schiaparelli, (*1835 in Savigliano bei Cuneo; †1910 in Mailand), italienischer Astronom.*

»Um Gottes willen, da zappelt etwas im Schatten, das aussieht wie eine graue Schlange. Jetzt erscheint noch eines, und noch eines. Für mich sieht das aus wie riesige Tentakel! Nun kann ich den ganzen Körper des Dings sehen. Es ist groß, groß wie ein Bär und es glitzert wie nasses Leder! Aber dieses Gesicht, es … Meine Damen und Herren, es ist unbeschreiblich! Ich habe Mühe, weiter hinzuschauen. Die Augen des Wesens sind schwarz und leuchten wie die einer Schlange. Der Mund ist V-förmig; Speichel tropft von seinen randlosen Lippen, die zittern und pulsieren. Das Monster – oder was auch immer es ist – kann sich kaum bewegen. Es wird niedergedrückt von … möglicherweise von der Schwerkraft oder so. Jetzt erhebt sich das Ding. Die Menschen weichen zurück. Sie haben in den letzten Minuten Unglaubliches gesehen. Das ist die außergewöhnlichste Erfahrung, die ich je gemacht habe. Ich finde keine Worte … Ich nehme das Mikrofon mit, während ich zu Ihnen spreche … Jetzt muss ich meinen Bericht unterbrechen, bis ich einen besseren Standort gefunden habe. Einen Augenblick bitte, ich bin gleich wieder auf Sendung.«

Diese angsteinflößende Radioreportage vernahmen die Hörerinnen und Hörer am 30. Oktober 1938, dem Abend vor Halloween und hatte angeblich in New York zu Massenpanik geführt. Das Hörspiel, um das es sich in Wahrheit handelte, wurde von Orson Wells nach dem frühen Science-Fiction-Roman »Krieg der Welten« des Engländers Georg Orwell in die USA der damaligen Gegenwart verlegt. Die todbringenden Invasoren stammten vom Mars und wollten die Erde erobern, weil ihr Heimatplanet langsam austrocknete, obwohl die Marsianer ein kunstvolles System von Bewässerungskanälen errichteten, das man sogar von der Erde aus sehen konnte.

Die Existenz von länglichen Strukturen auf der Marsoberfläche postulierte – und jetzt wechseln wir von Fiktion zu Science – der italienische Astronom Giovanni Virginio Schiaparelli (1835–1910). Im Jahre 1877, als der Mars der Erde besonders nahestand, glaubte er, linienförmige Erscheinungen auf dem Roten Planeten zu sehen, die er Canali (=Marskanäle) nannte. Daraus entstanden in der Fantasie von Schriftstellerinnen und Journalisten die Vorstellung von künstlich geschaffenen Wasserwegen auf dem Mars, was natürlich das Vorhandensein von intelligenten Lebensformen auf unserem Nachbarplaneten bedingte. Sofort versuchten andere Astronomen weltweit, die Beobachtungen Schiaparelli zu bestätigen. Diese Aufgabe war alles andere als einfach, denn die Kanäle waren nur ganz knapp mit den damaligen Teleskopen erkennbar. Die Skepsis in der Fachwelt wuchs in den darauffolgenden Jahren, und zu Beginn des 20. Jahrhunderts war man sich dank des Fortschritts bei den optischen Geräten sicher, dass der italienische Astronom dem Phänomen der lateralen Inhibition zum Opfer gefallen war. Damit ist ein Mechanismus in der Netzhaut der Augen gemeint, der eine Kontrastverstärkung an der Grenze von Flächen unterschiedlicher Helligkeit ermöglicht.

5 Laterale Inhibition: An der Grenze zweier Grauflächen erscheint eine senkrechte Linie, die physikalisch nicht vorhanden ist

Diese optische Täuschung, auch als Mach-Streifen bekannt, führte offenbar Schiaparelli in die Irre und löste ein halbes Jahrhundert später bei amerikanischen Radiohörerinnen und -hörern sehr unangenehme Gefühle aus. Extraterrestrische Kanäle und deren Erbauer können offenbar bei uns Erdlingen Angst auslösen, selbst wenn Canali und Marsianer gar nicht existieren!

Gründe für das wissenschaftliche Scheitern von Schiaparelli
Der italienische Astronom fiel einer optischen Täuschung zum Opfer und sah somit Dinge, die gar nicht vorhanden sind.

15. Kapitel

Professor Blondlot und seine Nancy-Strahlen

*Prosper-René Blondlot (*1849 in Nancy; †1930 ebenda), französischer Physiker.*

Es war ein Sommertag im Jahre 1904. Im physikalischen Institut der Universität Nancy herrschte eine aufgeregte Stimmung. Der amerikanische Physiker Robert Wood hatte bei seinem französischen Kollegen Prosper-René Blondlot seinen Besuch angekündigt. Es ging aber nicht um ein wissenschaftliches Kaffeekränzchen unter Naturwissenschaftlern, sondern um die Überprüfung eines Experiments. Blondlot hatte ein Jahr zuvor entdeckt, dass von einem glühenden Platindraht eine bis dahin unbekannte Strahlung ausging, die die Helligkeit einer Gasflamme reduzieren konnte. Seiner Heimatstadt Nancy zu Ehren nannte er diese neue Energie N-Strahlen. Auf Anregung des an Naturwissenschaften durchaus interessierten deutschen Kaisers Willhelm II. bekam der Physiker Heinrich Rubens den Auftrag, Blondlots N-Strahlen zu untersuchen. Obwohl er sich an die Versuchsanordnungen des Franzosen gehalten hatte, gelang es Rubens nicht, die Resultate von Blondlots zu wiederholen. Das Einfachste wäre nun gewesen, wenn der deutsche Forscher Blondlot in seinem Labor in Nancy besucht und von ihm die Experimente vorgeführt bekommen hätte. Aber jetzt kommt die Politik ins Spiel. Nach der französischen Niederlage im Krieg 1870/71 war es ausgeschlossen, dass ein Deutscher die sensationelle Entdeckung eines Franzosen überprüfen konnte. Nicht nur hat Deutschland diesen Krieg gewonnen, auch war der Deutsche Wilhelm Conrad Röntgen der Entdecker seiner nach ihm benannten Strahlung. Darum waren die N-Strahlen Balsam für die französische Nationalseele und deutsche Kritik daran war unerwünscht. Rubens beauftragte deshalb seinen ehemaligen Mitarbeiter Robert Wood, den geheimnisvollen Strahlen in Nancy auf die Spur zu kommen, was die etwas nervöse Atmosphäre in Blondlots Labor erklärte. So wie Licht durch ein Prisma aus Glas in seine Regenbogenfarben aufgespalten wird, sollte mithilfe eines Prismas aus Aluminium die N-Strahlung ein Spektrum erzeugen. Dieser Versuch führte der Franzose seinem Kollegen vor und beschrieb die dabei entstandenen Spektrallinien. Obwohl er genau hinschaute, konnte Wood nichts davon erkennen und bat darum Blondlot, den Versuch zu wiederholen. In der Dunkelheit des Labors entfernte Woods aber zuvor heimlich das Prisma. Trotzdem konnte Blondlot erneut Spektrallinien erkennen. Sein empörter Assistent hatte Wood bei seinen Manipulationen beobachtet und verlangte, das Spektrum selbst zu vermessen und stellte fest, dass nichts zu sehen war – nicht überraschend, denn ohne Prisma kein Spektrum! Allerdings hatte der amerikanische Physiker zwischenzeitlich das Prisma heimlich wieder eingefügt. Wood schrieb kurze Zeit später in der renommierten Zeitschrift Nature: »Nachdem ich drei Stunden oder länger damit verbracht habe, verschiedene Experimente zu beobachten, bin ich nicht nur nicht in der Lage, eine einzige Beobachtung zu melden, die auf die Existenz der Strahlen hinzudeuten schien, sondern bin auch der festen Überzeugung, dass die wenigen Experimentatoren, die positive Ergebnisse erzielt haben, in irgendeiner Weise getäuscht wurden.«

Blondlot erwartete die durch die N-Strahlen erzeugten Spektren zu sehen, somit sah er sie auch, obwohl sie ohne Prisma gar nicht existieren dürften. Der Assistent hingegen erwartete keine Spektren und beobachtete somit auch keine, obgleich sie dank des heimlich wieder eingebauten Prismas hätten vorhanden sein sollen. Für Wood und kurze Zeit später auch für die ganze wissenschaftliche Gemeinschaft war damit klar: Die N-Strahlen gibt es nicht!

Vielleicht hat der Satz »In einer Zeit, wo das Wünschen noch geholfen hat …« in einem Märchen der Gebrüder Grimm seine Berechtigung, aber sicher nicht in der kalten, faktenbasierten Welt der Naturwissenschaften.

P. S. Auch wenn Nancy kaum zu wissenschaftlichem Ruhm durch die nicht existierenden N-Strahlen gekommen ist, so profitieren die Einwohnerinnen und Einwohner dieser französischen Stadt doch vom Parc Blondlot, den der verbitterte und verspottete Forscher seiner Heimatstadt vermacht hatte.

Gründe für das wissenschaftliche Scheitern von Blondlot

Frankreich war nach der Niederlage im Deutsch-Französischen Krieg gedemütigt. Um sein Vaterland wenigstens geistig wieder aufzurichten, erfand Blondlot seine N-Strahlen, damit er dem Feind, der die real existierenden Röntgenstrahlen entdeckt hatte, etwas entgegen zu setzten konnte. Nationalismus ist eben kein Garant für hochstehende Wissenschaften.

16. Kapitel

Ingenieur Andrée und sein vorhersehbarer Fall

*Salomon August Andrée, (*1854 in Gränna, Schweden; †1887 am später nach ihm benannten Andréeneset auf Kvitøya, Svalbard, Norwegen), schwedischer Ingenieur und Polarforscher.*

Endlich hatte er es geschafft! Glücklich und stolz saß Salomon August Andreé am festlich gedeckten Tisch im Ballsaal der Königlich Schwedischen Akademie der Wissenschaften und genoss das ihm zu Ehren veranstaltete Bankett. Er war an diesem 13. Februar des Jahres 1886 am Ziel seiner Träume angelangt. Ingenieur Andrée wird zusammen mit zwei weiteren mutigen Männern zum Ruhme Schwedens mit einem lenkbaren Gasballon von Spitzbergen aus den Nordpol erreichen, um anschließend sicher in Sibirien oder Kanada zu landen. Als Sohn eines Apothekers im beschaulichen Dorf Gränna geboren, studierte er zunächst Ingenieurswissenschaft in Stockholm und wurde Mitarbeiter im dortigen Patentamt. Die Pracht der Hauptstadt faszinierte unseren Polarforscher ebenso wie die Glitzerwelt des Geld- und richtigen Adels. Aufsteigen war sein Traum, nicht nur physisch, sondern auch klassenmäßig. Um dies zu erreichen, begann er seine Werbetour für seinen kühnen Plan der polaren Luftfahrt. Viele Bettelbriefe und Vortragsabende später hatte er genügend finanzielle und moralische Unterstützung aus Königshaus, Politik und Großbürgertum, um sein verwegenes Projekt in die Tat umzusetzen: Mit einer Ballonfahrt über den Nordpol Schweden aus dem Schatten des kleinen Nachbarn Norwegens herauszuführen, das mit seinem berühmten Arktisforscher Fridtjof Nansen Bahnbrechendes auf diesem Gebiet geleistet hatte!

Im Sommer 1886 musste ein erster Startversuch auf der vor Spitzbergen gelegenen Insel Danskøya wegen ungünstigen südlichen Winden abgebrochen werden. Zudem äusserte der teilnehmende Meteorologe N. G. Ekholm Zweifel an der Konstruktion des in Paris hergestellten Ballons sowie an der Kompetenz von Andrée. Darum wurde Ekholm beim zweiten Versuch ein Jahr später vom Expeditionsleiter durch den jungen und weniger kritischen, dafür sportlicheren Ingenieur Knut Frænkel ersetzt. Der Dritte im Bunde war der Physikstudent und Amateurfotograf Nils Strindberg, ein Cousin des Dramatikers August Strindberg.

Kaum hob der Ballon Örnen (Adler) am 11. Juli 1887 unter Hurrarufen der Besatzung des Begleitschiffes ab, verlor das Gefährt die meisten seiner Schleppleinen, die es zusammen mit einem Segel hätten steuerbar machen sollen. Nach nur zehn Minuten in der Luft war offensichtlich, dass das Konzept von Andrées Lenkballon gescheitert war, wonach die über die Erdoberfläche streifenden Seile die Geschwindigkeit des Ballons relativ zum Wind hätten verlangsamen und ihn mittels des Segels steuern lassen sollen. Für den Expeditionsleiter war klar, dass der Nordpol so nicht erreicht werden konnte und – was noch schlimmer war – dass das Leben der drei Männer in Gefahr war. Aber sofort landen und vom Begleitschiff als begossene Pudel aufgenommen zu werden, war für den ambitionierten Aufsteiger Andrée offenbar genau der um jeden Preis zu vermeidende Schritt vom Erhabenen zum Lächerlichen. Da Basisdemokratie im Ballonkorb zu jener Zeit unbekannt war, gab er den Befehl zur Weiterfahrt, wie wir aus Tagebuchaufzeichnungen von den Teilnehmern wissen. Es kam, wie es kommen musste: Der Ballon verlor viel Wasserstoff, genau wie von Ekman vorausgesagt, so dass nach 51 Stunden die Luftfahrt zu Ende war. Die drei Forscher versuchten, die Schutzhütte Cape Flora auf Franz Josef Land zu erreichen, um dort zu überwintern. Schlechtes Wetter und untaugliches Kartenmaterial verhinderten jedoch eine korrekte Orientierung im ewigen Eis.

Nach einem über 450 km langen Fußmarsch voller Entbehrungen und Leiden trafen die erschöpften Schweden – die je einen 130 kg schweren Schlitten zu ziehen hatten – auf der Insel Kvitøya ein. Dort starben die Forscher nach kurzer Zeit an Erschöpfung,

Durchfall, Vitaminmangel und Wurminfektionen. Doch diese Geschichte ist noch nicht zu Ende. 1930 fand die Besatzung eines norwegischen Walfangbootes die Leichen der Expeditionsteilnehmer samt Tagebüchern und die sieben Kilogramm schwere Kamera von Strindberg. Die entwickelten Bilder geben uns Nachgeborenen einen packenden Einblick in eine Unternehmung, die schon im Kopf ihres Schöpfers scheiterte und Fragen nach dem Sinn einer derartig wissenschaftlich verbrämten Reise zu Ehren von König und Vaterland stellt. »Niemand hat den Mut verloren. Mit solchen Kameraden kann man sich erheben aus allen möglichen Umständen« schrieb der gescheiterte Luftfahrer Andrée kurz vor seinem Kältetod. Sein Optimismus war stärker als sowohl die frostige meteorologische als auch kalte gesellschaftliche Realität, die beide keine Verlierer zuliess …

Gründe für das wissenschaftliche Scheitern von Andrée

Obwohl viele Experten vor der Untauglichkeit des Polarballons von Andrée warnten, setzte der gesellschaftliche Aufsteiger alles auf eine Karte, beflügelt durch den Traum der schwedischen Oberschicht, ihr Vaterland endlich auch auf die Liste bedeutender, die Arktis erforschender Länder zu setzen. Die Gesetze des Maschinenbaus und der Meteorologie mussten dabei leider zurücktreten.

17. Kapitel

Nikola Tesla und sein Traum vom drahtlosen Strom

*Nikola Tesla, (*1856 in Smiljan, Provinz Kroatien, damaliges Kaisertum Österreich; †1943 in New York, USA), kroatisch-amerikanischer Erfinder, Physiker und Elektroingenieur.*

Als am 15. Juli 1917 der mächtige, 57 Meter hohe, aus Holz errichtete Wardenclyffe-Tower in der Nähe von New York in die Luft gesprengt wurde, ahnte der Elektroingenieur und Erfinder Nikola Tesla, dass sich mit dem Abriss der Anlage auch sein Ideal der drahtlosen Übertragung von elektrischem Strom in Luft auflösen würde.

War dieser Nikola Tesla, der zeitlebens im Schatten des großen Tüftlers Thomas A. Edison mit seinen Erfindungen wie Glühbirne, Phonograph und einem Filmbetrachter stand, ein Genie mit grandiosen Visionen oder nur ein Wahnsinniger mit Hang zur Esoterik?

Nikola Tesla wurde 1856 in Smiljan im heutigen Kroatien geboren und wuchs in einfachen Verhältnissen auf. Er studierte Maschinenbau in Graz und Prag und wanderte 1884 in die USA aus, um zunächst bei Thomas A. Edison zu arbeiten. Kurze Zeit später gründete Tesla eine eigene Firma, die jedoch bald darauf Konkurs ging. Sein technisches Verständnis schien sein kaufmännisches weit in den Schatten zu stellen; oft litt Tesla unter finanziellen Problemen. Der Großindustrielle George Westinghouse wurde auf den eigenbrötlerischen und verschlossenen Forscher aufmerksam und bot ihm eine Stelle als Ingenieur an. Teslas Einkommen verbesserte sich dadurch, er konnte sich einen dandyhaften Lebenswandel leisten und stieg bald in die New Yorker High Society auf. So gehörten die bekannte Schauspielerin Sarah Bernhardt und der einflussreiche und sehr vermögende Banker und Philanthrop J. P. Morgan zu seinem Bekanntenkreis. Es war dieser Morgan, der mit seinen großzügigen Darlehen ermöglichte, dass Tesla endlich mit der Realisierung seines großen Traums beginnen konnte: Die Übertragung von Elektrizität ganz ohne Kabel!

Die dazugehörige Demonstrationsanlage, der Wardenclyffe-Tower, sollte die Maßstäbe des Maschinenbaus im 19. Jahrhundert sprengen: Bis nach Frankreich, so glaubte Tesla, würde er seine elektrische Energie schicken können, die dort von einer Empfangsanlage wieder in nutzbaren Strom umgewandelt werden würde. Die ganze Welt müsste dazu mit solchen starken Sendern ausgerüstet werden. Die von ihnen ausgestrahlten elektromagnetischen Wellen würden dann von Antennen aufgefangen und für einen akkufreien Betrieb von beispielsweise Elektrofahrzeugen sorgen. Keine Hochspannungsleitungen würden dank Teslas revolutionärem System die Landschaft verschandeln, Strom würde auf der ganzen Welt kabellos und daher billig der Menschheit zur Verfügung stehen!

Seinen Geldgebern verkaufte Tesla seine Erfindung zunächst als Konkurrenzprodukt zu der drahtlosen Telegrafie des italienischen Erfinders und Nobelpreisträgers Guglielmo Marconi. Als Tesla aber Morgan über den wahren Bestimmungszweck seines Turmes aufklären musste, drehte der Banker sofort den Geldhahn zu. Die Anlage auf Long Island zerfiel, bevor sie ihren Betrieb aufnehmen konnte. So konnte Tesla leider niemanden von der möglichen Richtigkeit seiner Ideen überzeugen.

Diese Niederlage machte den verschrobenen Erfinder noch exzentrischer. Er habe Kontakt mit Außerirdischen gehabt, erzählte er einmal. Daraufhin entwickelte Tesla ein Gerät, das »Raumenergie« auffangen und in Strom verwandeln könnte, was den eigenwilligen Schöpfer des drahtlosen Stroms zum Star der Paraphysik-Szene werden ließ. Gesundheitlich ging es mit dem fantasievollen Weltverbesserer jedoch bergab, seine Enttäuschung über sein missglücktes Projekt ertränkte er im Alkohol. Er starb

1943 vergessen und völlig verarmt in einem mehr als bescheidenen Hotel in New York.

Was ist von Teslas Visionen geblieben? In technischen Museen wird mithilfe einer Teslaspule eine Spannung von 1,2 Mio. Millionen Volt aufgebaut, die imposante Blitze über den Köpfen der Besucher zucken lässt. Nach Tesla ist zudem die Einheit der magnetischen Flussdichte benannt, aber im Gegensatz zu den geläufigeren Einheiten Volt und Ampère dürfte dies nur einer kleinen Zahl Eingeweihter bekannt sein.

Wahrscheinlich können wir Spätgeborenen froh sein, dass Teslas Idee der drahtlosen Stromübertragung Utopie geblieben ist: Bei den dabei nötigen gigantischen Magnetfeldern wären gesundheitliche Beeinträchtigungen kaum ausgeblieben, die Erde wäre von einem globalen Elektrosmog umgeben gewesen. Da scheinen die Hochspannungsleitungen das kleinere Übel zu sein, wenn diese Technologie auch deutlich weniger fantasievoll als die physikalischen Höhenflüge des Herrn Tesla ist. Übrigens kann man(n) einen recht teuren Elektrowagen kaufen, der den Namen des gescheiterten Erfinders trägt. Allerdings muss man diesen leisen Flitzer ganz profan mit einem Kabel an einer Steckdose aufladen, der Namenspatron wäre sicherlich not amused!

Gründe für das wissenschaftliche Scheitern von Tesla

Teslas Idee der drahtlosen Übertragung von Elektrizität gründet wohl in seiner falschen Folgerung, dass wenn es möglich ist, Informationen drahtlos in Form von Radiowellen zu versenden, so müsste es auch möglich sein, auf ähnliche Art die Energie selbst zu übertragen, was technisch allerdings unter Einhaltung von Elektrosmog-Grenzwerten nicht praktikabel ist.

18. Kapitel

Nipkow und seine televisionäre Scheibe

*Paul Julius Gottlieb Nipkow, (*1860 in Lauenburg in Pommern (heute: Lębork in Polen); †1940 in Berlin), deutscher Techniker und Erfinder.*

Es ist Heiliger Abend 1983 irgendwo in der Schweiz. Vor dem Fernsehgerät hat sich die ganze Familie versammelt, um sich mit dem tschechoslowakischen Märchenfilm Prinz Bajaja in festtägliche Stimmung zu versetzen. Niemand in der weihnachtlich geschmückten Stube macht sich Gedanken, wie die Bilder aus dem böhmischen Winterwald auf die Bildröhre kommen. Blenden wir zur Beantwortung dieser Frage genau 100 Jahre zurück …

In einem kleinen, kalten, möblierten Zimmer in Berlin-Mitte sitzt der Student der Mathematik und Naturwissenschaften Paul Nipkow am Heiligabend 1883 und starrt in seine Petrollampe. Er macht sich Gedanken, wie man ein Bild in einzelne Zeilen auflösen, sie als elektrische Signale übertragen und an einem anderen Ort wieder in ein Bild verwandeln kann. Das Starren in die Petrollampe half offenbar, denn Nipkow hatte die Antwort auf sein Problem gefunden. Nipkow sagte später zu diesem Geistesblitz: Das Telefon war damals so jung wie heute das Radio und ich dachte mir, es müsste doch eigentlich von Nutzen sein, wenn die miteinander telefonierenden Personen sich auch sehen könnten. Ich dachte mir aber auch, dass man das Bild nicht auf einmal übertragen kann, sondern dass man es in Bildpunkte auflösen muss. Auf elektrischem Wege wollte ich die Übertragung durchführen, die von der Sendestation ankommenden Stromimpulse an der Empfangsstation in Bildpunkte zurückverwandeln. Aber zur Bilderzerlegung und -zusammensetzung benötigte ich eine bestimmte Apparatur. Blitzartig kam mir die Idee: eine Scheibe zu konstruieren mit spiralförmig angeordneten Löchern.

Die Interessen des Studenten lag eher in der Technik als im Finanziellen, denn es war seine Verlobte Sophia Colonius, die ihn drängte, für seine Erfindung »Elektrisches Teleskop« ein Patent zu beantragen und sie bezahlte auch die notwendigen Patentgebühren. Aber das Interesse Nipkows an seiner Erfindung ließ schnell nach, er brach aus Geldmangel sein Studium ab und wurde Eisenbahningenieur. Nach dem Ersten Weltkrieg begannen Techniker in Deutschland und England mit ersten tastenden Experimenten zur Einführung des Fernsehens, meistens auf Grundlage der von ihm erfundenen Nipkow-Scheibe. Damit nahm auch Paul Nipkow seine Arbeiten auf diesem Gebiet wieder auf. Das Resultat war ein weiteres Patent, dessen Gebühren er nun selbst bezahlen konnte. Seine Erfindung trägt den etwas sperrigen Namen: »Eine Einrichtung zur Erzielung des Synchronismus bei Apparaten zur elektrischen Bilderzeugung, dadurch gekennzeichnet, dass alle zusammenarbeitenden Sender und Empfänger an ein und dasselbe Wechselstromkraftverteilungsnetz angeschlossen sind«. Obwohl in England der schottische Erfinder John Logie Baird den ersten funktionstüchtigen Fernsehapparat auf Basis der Nipkow-Scheibe entwickelte und ihm am 8. Februar 1928 sogar die erste transatlantische Übertragung eines Fernsehbildes von London nach New York gelang und obwohl die BBC zwischen 1930 und 1935 einen TV-Versuchsbetrieb mit Nipkow-Fernsehern aufnahm, waren die Tage des mechanischen Fernsehens gezählt. Die elektronische Bildabtastung, erfunden vom deutschen Physikers Manfred von Ardenne, setzte sich mit ihrer überlegenen Qualität rasch durch. So wurden die lärmigen Fernsehkisten mit ihren rotierenden Scheiben im Innern den geräuschlosen Röhrengeräten verdrängt, die der Familie im schweizerischen Mittelland die Vorfreude auf die weihnachtliche Bescherung garantierte. Paul Nipkow sagte kurz vor seinem Tod 1940 über seine Bedeutung als Erfinder der Urform der Television:

»So habe ich in meinen alten Tagen doch noch eine Freude. Man hat mich nicht ganz vergessen, obgleich nur die Nipkow-Scheibe als einziger Nutzen, den ich von meiner Erfindung habe, in der ganzen Welt meinen Namen trägt. Aber dieser Name ist wohl ein Begriff geworden, bei dem die Menschen nicht mehr nach der Entstehung fragen [...] Ja, ich bin tatsächlich der Erfinder des Fernsehens, und ich kann dies, ohne als eingebildet zu gelten, ruhig behaupten.«

Gründe für das wissenschaftliche Scheitern von Nipkow

Die gewaltigen Fortschritte in der Elektronik ermöglichten in den Fünfzigerjahren den Bau qualitativ hochwertiger Röhren-Fernsehgeräte, die ohne ratternde und störungsanfällige Mechanik auskamen. Nipkows Erfindung verschwand darum von der Bildfläche.

19. Kapitel

Paul Kammerer und sein tragisches Leben als Krötenküsser vom Prater

*Paul Kammerer (*1880 in Wien; †1926 in Puchberg am Schneeberg, Österreich), österreichischer Biologe.*

»Ich sehe mich außer Stande, diese Vereitlung meiner Lebensarbeit zu ertragen und hoffentlich werde ich Mut und Kraft aufbringen, meinem verfehlten Leben morgen ein Ende zu bereiten.« Dies schrieb der österreichische Biologe Paul Kammerer, der eine schillernde und unkonventionelle Persönlichkeit war, bevor er sich am 23. September 1926 erschoss. Seine Arbeiten über Geburtshelferkröten führten zu einem der größten Skandale der Geschichte der Wissenschaft.

Paul Kammerer, 1880 in Wien in eine großbürgerliche Umgebung hinein geboren, empfand schon früh eine große Liebe zu Amphibien. Die elterliche Wohnung verwandelte er in ein Terrarium, weshalb ihn seine Mitschüler den »Krötenküsser« nannten. Nach dem Studium der Zoologie wurde Kammerer dank seines Geschicks in der Zucht von Lurchen Assistent im Vivarium des Wiener Praters. Sein damaliger Vorgesetzter Hans Leo Przibram meinte: »Durch einen Zeitungsartikel Kammerers über seine Tierpflege auf ihn aufmerksam gemacht, suchte ich ihn auf und fand einen begeisterten und geschickten Mitarbeiter. In ihm steckte [...] die Fähigkeit zur genauesten Naturbeobachtung und insbesondere eine Liebe zu allen lebendigen Geschöpfen, die ich sonst noch an keinem anderen gesehen habe. [...] Dies war allerdings nicht unbedingt ein Vorteil, denn der Hauptwert der experimentellen Methode besteht gerade darin, dass unter gleichen Versuchsbedingungen immer wieder dieselben Resultate erzielt und bei Nachprüfung bestätigt werden können. Gelingt es dem Nachuntersucher nicht, die Tiere ebenso lange oder ebenso viele Generationen hindurch am Leben zu erhalten wie dem ersten Beobachter, wie soll dann eine Nachprüfung zu einer Bestätigung und dadurch Sicherheit der Befunde führen?«

Im Vivarium, der ersten experimental-biologischen Versuchsstation der Welt überhaupt, begann Kammerer mit Versuchen zur Vererbung erworbener Eigenschaften bei Kröten. Alma Mahler-Werfel, die Frau des Komponisten Gustav Mahler mit einem Faible für Zoologie, half dem aufstrebenden Biologen bei diesen Experimenten. Die musische Assistentin war aber nicht immer voller Begeisterung über ihre Arbeit: So musste sie Gottesanbeterinnen mit Mehlwürmern füttern, »und mir grauste etwas vor dieser Riesenkiste voll sich schlängelnder Würmer. Er (Kammerer) sah es, nahm eine Handvoll und steckte die Viecher in den Mund. Er fraß sie laut schmatzend.« Kammerer verliebte sich sofort in Frau Mahler! In einem etwas umständlichen wissenschaftlichen Jargon schrieb er über seine Gefühle zu Alma: »Im Beisammensein mit ihr sammelt sich die potenzielle Energie, welche nachher als kinetische Energie frei wird. Es gibt Leute, mit denen ich täglich beisammen bin und die umgekehrt wirken: Die potenzielle Energie wird aufgezehrt, und nachher ist, wenn ich sie brauche, zu wenig kinetische Energie da.«

Um 1900 herrschte unter den Biologen ein erbitterter Streit über die Ursachen der Evolution. Für die Darwinisten beruhte die Entwicklung der Lebewesen auf zufälligen Änderungen des Erbguts und anschließender Selektion dieser Mutationsträger durch die Umwelt. Für die Lamarckisten (Jean Baptiste de Lamarck, französischer Naturforscher 1744–1829) war es hingegen klar, dass Organismen Eigenschaften, die sie während ihres Lebens erworben haben, an ihre Nachkommen vererben können.

Zum Beispiel die kurzhalsigen Vorläufer der Giraffen: Sie streckten dauernd ihre Hälse in die Höhe, um so an die zartesten Blätter der Bäume zu gelangen. Diese Halsstreckung vererbten sie an ihre Kinder. Dies wiederholte sich während Generationen, bis schließlich die heutigen Giraffen daraus entstanden.

Paul Kammerer wollte Lamarcks Ideen beweisen, in dem er mit Geburtshelferkröten Zuchtversuche durchführte. Diese Lurche begatten sich an Land. Durch Temperaturerhöhung in den Terrarien konnte der Evolutionsforscher die Tiere ins kühlere Wasser zwingen, wo die Männchen laut Kammerer an den Fingern hornige Brunstschwielen entwickelten. Derartige Schwielen zeigen sonst nur wasserlebende Krötenarten. Sie verhindern, dass die Männchen bei der Begattung nicht von den glitschigen Weibchen abrutschen. Kammerer behauptete, dass die Söhne dieser Geburtshelferkröten Schwielen hätten, was Lamarcks Hypothese beweisen würde.

In den Naturwissenschaften werden Versuche von anderen Forschenden wiederholt, um die Resultate zu bestätigen oder widerlegen. Die Tragik des Krötenküssers vom Prater lag in seinem überragenden züchterischen Geschick. Es gelang niemandem, seine Experimente zu wiederholen. Auch Alma hatte ihre Bedenken: »Er wünschte die Ergebnisse seiner Forschungen so glühend herbei, dass er unbewusst von der Wahrheit abweichen konnte.« Darum begannen einige Darwinisten Kammerers Resultate anzuzweifeln; der damals herrschende latente Antisemitismus in Österreich belastete den Halbjuden zusätzlich. Obwohl er seine Erkenntnisse in vielen populärwissenschaftlichen Vorträgen und Artikeln verbreitete, begann ein Teil der Evolutionsforscher den Wiener Biologen zu verunglimpfen.

Als seine wissenschaftliche Reputation sank, bekam Kammerer Hilfe von unerwarteter Seite: Die Kommunistische Akademie der Wissenschaften in Moskau ernannte ihn zum Leiter des Instituts für Experimentalbiologie. Der Lamarckismus genoss in der frühen Sowjetunion großes Ansehen, da es nach dieser Idee möglich wäre, binnen einiger Generationen durch dauernde Indoktrination den perfekten Sowjetmenschen zu schaffen, der den Kommunismus schon in seinen Genen trägt (siehe auch Lyssenko, Kap. 22). Aber am 7. August 1926 platzte die Bombe: Ein amerikanischer Reptilienforscher behauptete, dass die Brunstschwielen von Kammerers Geburtshelferkröten plumpe Fälschungen waren. Kammerers Gegner, allesamt Darwinisten, jubelten! Damit brach jedoch die Welt des österreichischen Biologen vollständig zusammen, er setzte seinem Leben ein Ende.

Ob Kammerer diesen immensen Betrug selbst beging oder ob es seine Gegner waren, lässt sich bis heute nicht beantworten. Die Vorstellung aber, dass Naturwissenschaftler unbeeinflusst durch den Zeitgeist nur nach der reinen Wahrheit streben, wird durch das traurige Schicksal des Krötenküssers eindrücklich widerlegt.

Gründe für das wissenschaftliche Scheitern von Kammerer

Nebst dem damals in Wien herrschenden Antisemitismus, dem der Jude Kammerer auch in der wissenschaftlichen Gemeinschaft in Form fehlender Anerkennung ausgesetzt war und der immensen Schwierigkeiten anderer Forschenden, Kammerers Versuche zu wiederholen, war es seine Fixierung auf die Idee des Lamarckismus, die es Kammerer verunmöglichte, keine Brunstschwielen an seinen Kröten zu finden.

20. Kapitel

Herman Sörgel und sein abgesenktes Mittelmeer

*Herman Sörgel, (*1885 in Regensburg; †1952 in München), deutscher Architekt und Kulturphilosoph.*

Wenn man an einem sonnigen Sommernachmittag den berühmten Affenfelsen von Gibraltar besteigt, sieht man im Westen die unermesslichen Wasserflächen des Atlantiks. Schaut man aber ostwärts, ist das ehemalige Ufer des Mittelmeers verschwunden, dafür breiten sich riesige Orangenplantagen der ganzen ehemaligen spanischen und marokkanischen Küste aus. Überhaupt ist das Mittelmeer deutlich geschrumpft, der Wasserspiegel hat sich zwischen Gibraltar und Sizilien um 100 m, zwischen Sizilien und dem Schwarzen Meer sogar um 200 m gesenkt! Wo früher Wasser war, z. B. in der Adria oder der Ägäis sieht man heute blühende Landschaften. Was ist die Ursache dieser gigantischen Veränderungen? Das Zauberwort heißt Atlantropa! Ein gigantischer Damm bei Gibraltar trennt das Mittelmeer vom Atlantik, der Wasserzufluss vom Atlantik ins Mittelmeer ist somit unterbrochen. Das Wasser des Mittelmeers verdunstet, sein Spiegel sinkt, dadurch werden Agrarflächen von der Größe Spaniens nutzbar. Ein gigantisches Kraftwerk im erwähnten Damm liefert unvorstellbar viel elektrische Energie, um Süßwasser herzustellen. Ein ähnlicher zweiter Damm bei Sizilien trennt das westliche vom östlichen Becken des Mittelmeers und dient als Straßen- und Eisenbahnverbindung zwischen Europa und Afrika. Auch dort liefert ein Kraftwerk Strom zur Entsalzung von Meerwasser. Mit dem so produzierten Wasser wird die Sahara in einen riesigen Garten Eden verwandelt und die Welt kommt dem globalen Paradies einen großen Schritt näher …

Was wie die Fieberfantasie eines größenwahnsinnigen Homo faber klingt, war in den Zwanzigerjahren des letzten Jahrhunderts tatsächlich ernst gemeint. Der deutsche Architekt Herman Sörgel (1885–1952) hatte 1932 ein Buch mit dem Titel Atlantropa veröffentlicht, in dem er seine Vision vom abgesenkten Mittelmeer beschreibt. Sein Vater Johann Ritter von Sörgel war einer der Pioniere im Bau von Wasserkraftwerken in Deutschland, dessen Begeisterung hatte sich offenbar auf den Sohn übertragen. Mit seinem megalomanen Projekt wollte der bekennende Pazifist mehrere Ziele erreichen:

1. Landgewinn, um den Millionen von europäischen Arbeitslosen während der Zeit der Großen Depression eine neue Heimat zu ermöglichen.
2. Unerschöpfliche Energiequellen zur Trinkwassergewinnung und zur Versorgung der europäischen Industrie sicherzustellen.
3. Neue Verkehrsverbindungen auf Schiene und Straße zwischen Europa und Afrika zu errichten.

Um es mit den Worten von Sörgel zu sagen: »Europa, das mechanisierteste Land (sic) der Erde, muss sich die Herrschaft über Afrika, das jungfräulichste Land der Erde, sichern. Das geschieht durch die Länder- und Wirtschaftsbrücke, wie sie das Atlantropaprojekt schafft. Afrika bildet nicht nur wegen seiner Lage mit Europa eine Schicksalseinheit; es ist auch das einzige Gebiet der Erde, wo für Europa noch ein ganz großes Betätigungsfeld wartet. Europa ist industriell überinstrumentiert, Afrika unausgebeutet.« Inspiriert durch Oswald Spenglers »Der Untergang des Abendlandes«, wollte er aber der negativen Sicht des Philosophen ein zukunftsgerichtetes europäisches Projekt entgegensetzen, mit dem Verwaltungszentrum in der neutralen Schweiz! Seine Gedanken äußert er 1931 in der Zeitschrift »Sozialistische Monatshefte«. Glücklicherweise wurden Sörgels Ideen nie umgesetzt, trotz seines flammenden Aufrufs: »Was technisch möglich ist, soll wirtschaftlich ausgenützt werden. Die Wirtschaftseinheit Atlantropa könnte so zugleich als politische Macht die Kultur des Abendlandes vor dem Untergang bewahren.«

Gründe für das wissenschaftliche Scheitern von Sörgel

Spätestens nach dem Zweiten Weltkrieg waren derartig megalomane Projekte mit weitreichender Auswirkung auf die Ökologie ganzer Erdteile nicht mehr realisierbar. Ganz zu schweigen vom kolonialen Anspruch Europas auf die ganze Mittelmeerregion, die von den afrikanischen Anrainerstaaten sicherlich bekämpft worden wäre.

21. Kapitel

Fritz Kögl, Hanni Erxleben und ihre falschdrehenden Aminosäuren

*Fritz Kögl (*1897 in München; †1959 in Utrecht), deutscher Chemiker Johanne Wilhelmine »Hanni« Erxleben, (*1903 in Bremen; †2001 in Bielefeld), deutsche Biochemikerin.*

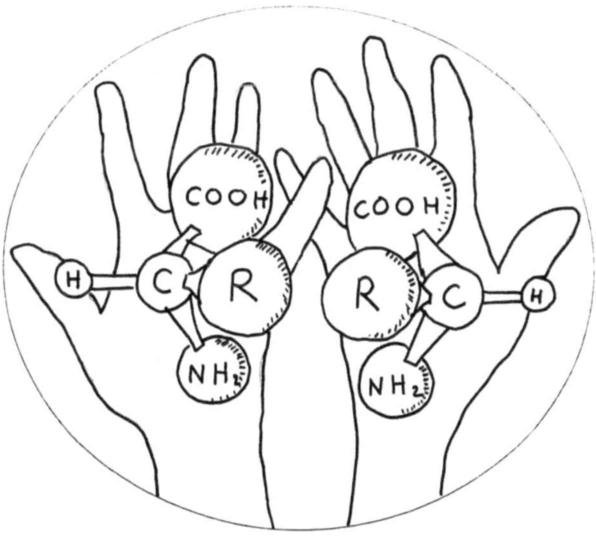

Die für unser Leben so zentralen Eiweiße oder Proteine sind lange Ketten aus verschiedenen Aminosäuren. So unterscheiden sich beispielsweise die Proteine von Panzernashörnern von Schnittlauchproteinen nur in der Zusammensetzung ihrer Aminosäuren. Diese Bausteine haben eine interessante Eigenschaft: Sie lassen polarisiertes Licht, dessen Wellen nur in einer Ebene schwingen, um die Längsachse drehen. So existiert von der Aminosäure Glutaminsäure jeweils eine rechtsdrehende (D-Glutaminsäure) und eine linksdrehende Form (L-Glutaminsäure). Dies wird als optische Aktivität bezeichnet. Außer der Drehrichtung haben aber beide Molekülformen die gleichen Eigenschaften wie Dichte oder Schmelzpunkt. Auffällig ist, dass fast alle Aminosäuren, die in Lebewesen vorkommen, linksdrehend sind. Jetzt kommt Fritz Kögl auf die wissenschaftliche Bühne. Er kam 1897 in München auf die Welt, studierte Chemie und arbeitete ab 1936 an der Universität Utrecht als Professor für Biochemie. Dort lernte er die Chemikerin Johanne Wilhelmine »Hanni« Erxleben kennen, mit der er mehrere Jahre zusammenarbeitete. Nachdem dieses Duo auf dem Gebiet der Pflanzenhormone forschte und dabei einige von der Fachwelt angezweifelte Resultate publizierten – die von ihnen entdeckten Hormone Auxin a und b konnten nie von anderen Forschergruppen nachgewiesen werden – wandten sich Kögl und Erxleben Tumorproteinen zu. Kögl schrieb: »In der Tat hat die Krebsforschung in jahrzehntelanger intensiver Arbeit zwar ein gewaltiges Tatsachenmaterial zusammengetragen, aber die Ursache der malignen Entartung ist nach wie vor ein Rätsel. Nachdem man lange Zeit vergeblich nach einem universellen Geschwulsterreger gesucht hat, ist seit Jahren mehr und mehr die Erkenntnis in den Vordergrund getreten, dass es sich bei der malignen Entartung um ein Problem des Wachstums handelt.«

Kögl und Erxleben veröffentlichten 1939 einen Artikel über Veränderungen von Eiweißen in tierischen und menschlichen Krebsgeweben. Sie stellten fest, dass die Menge an D-Glutaminsäure gegenüber gesundem Gewebe deutlich erhöht war. Da wie erwähnt die Proteine aus L-Aminosäuren aufgebaut sind, wäre die Entdeckung der beiden sowohl für die Diagnose als auch für die Behandlung von Krebs eine medizinische Revolution gewesen. Bald begannen englische und amerikanische Forschergruppen Kögls Resultate mit eigenen Untersuchungen zu überprüfen, allerdings ohne Erfolg. Nirgends konnte ein Anstieg von D-Glutaminsäure in Tumoren festgestellt werden. Zweifel an der Arbeitsweise der Utrechter Wissenschaftler wurden laut. Hatten Kögl und Erxleben unsorgfältig gearbeitet oder – weit schlimmer – ihre Resultate gefälscht? Forschende sind auch nur Menschen mit Stärken und Schwächen, aber der Wahrheit verpflichtet, wie dies die Gesellschaft von ihnen verlangt. Kögl wurde von den damaligen Institutsangehörigen als sehr autoritär und unnahbar beschrieben. Ein Labormitarbeiter hatte »den bangen Verdacht, dass etwas ganz Böses im Labor saß«.

Seit er zum Professor in Utrecht ernannt wurde, arbeitete Kögl kaum mehr selbst im Labor. Er verschanzte sich den ganzen Tag in seinem Büro, nur wenn das Licht an seiner Türe weiß leuchtete, gewährte er seinen Studierenden und Doktoranden kurz Audienz, meistens war es aber rot. Allabendlich machte er seinen obligatorischen Laborrundgang, um zu erfahren, was an diesem Tag geleistet wurde. Obwohl er keine praktischen Tätigkeiten ausführte, war er bei den Publikationen seines Institutes stets an erster Stelle als Autor vermerkt.

Hanni Erxleben wird von den damaligen Mitarbeitenden als ähnlich unnahbar, sogar als arrogant beschrieben. Dass sie im Gegensatz zu Kögl eine glühende Nationalsozialistin war – sie floh 1944 aus den besetzten Niederlanden in ihre deutsche Heimat, als die Niederlage des NS-Regimes absehbar war – förderte ihr Ansehen im Utrechter Institut nicht gerade. Nach dem Krieg blieb Kögl in den Niederlanden, wurde für seinen Einsatz für sein Gastland sogar zum Ritter geschlagen. Für viele Forschenden war aber Hanni Erxleben die treibende Kraft hinter dem möglichen Glutaminsäure-Betrug. So hatte sie sich von den Farbwerken Elberfeld große Mengen von D-Glutaminsäure liefern lassen, was den Verdacht nahelegt, dass sie damit die Tumorgewebe behandelt hatte. Erxleben kehrte später nicht mehr in die Niederlande zurück, sondern beendete ihre Laufbahn als Gymnasiallehrerin in Bielefeld.

Auch Kögl war nach dem Krieg wissenschaftlich diskreditiert, sei es, weil er die Resultate seiner Untersuchungen gefälscht oder weil er es zugelassen hatte, dass die Laborarbeiten unsorgfältig durchgeführt wurden und er somit seiner Verantwortung als Leiter seiner Forschungsgruppe nicht nachkam. Obwohl er auf dem Zenit seiner Karriere mehrfach für den Chemie-Nobelpreis vorgeschlagen wurde, war sein Fall nach der Aufdeckung des Skandals tief. So fanden es die Herausgeber der Chemischen Berichte – einer der bedeutendsten Fachzeitschriften – nicht einmal für nötig, einen Nachruf auf Fritz Kögl zu schreiben …

Gründe für das wissenschaftliche Scheitern von Kögl und Erxleben

Beide Forschende waren wohl Opfer ihres eigenen Ehrgeizes und dem Streben nach wissenschaftlichem Ruhm. Publish or Perish (Veröffentliche oder gehe unter!) schien ihr Motto zu sein, die Anzahl ihrer Publikationen bedeuteten ihnen offenbar mehr als die kritische Auseinandersetzung mit der experimentellen Arbeit.

22. Kapitel

Lyssenko und sein kommunistischer Weizen

*Trofim Denissowitsch Lyssenko, (*1898 in Karlowka, Russisches Kaiserreich; †1976 in Moskau), sowjetischer Agrar-Wissenschaftler.*

In den Jahren 1932 bis 1946 wurde die damalige Sowjetunion von drei katastrophalen Hungersnöten heimgesucht, bei denen mehrere Millionen Menschen verhungerten. Die Gründe für diese Missernten in den Kornkammern Russlands und der Ukraine waren vielfältig: So spielten lange Trockenzeiten und die Zwangskollektivisierung der Landwirtschaft unter Stalin eine bedeutende Rolle. Der Diktator bekämpfte die Grossgrundbesitzer als Kapitalisten der Landwirtschaft und verfügte die gewaltsame Verstaatlichung der privaten Bauernbetriebe zu Kolchosen und Sowchosen, was zu einer erheblichen Ertragsminderung bei landwirtschaftlichen Gütern führte und damit zu einem Mangel an Nahrungsmitteln. Der dritte Grund für die schlimme Versorgungslage waren die Arbeiten des Biologen Trofim Denissowitsch Lyssenko (1898–1976). Er studierte Agronomie und leitete später das Institut für Genetik der Akademie der Wissenschaften der Sowjetunion. Es war sein Ehrgeiz, mittels wissenschaftlicher Methoden ertragreiche Nutzpflanzen-Sorten zu züchten und damit alle Ernährungsprobleme im Arbeiter- und Bauernparadies Sowjetunion zu lösen. Als führender Biologe seines Landes und für seine Leistungen sechsmal mit dem Stalin-Orden ausgezeichnet, genoss Lyssenko das absolute Vertrauen Stalins. Besonders die Ideen von der Art und Weise, wie Eigenschaften von Lebewesen auf kommende Generationen übertragen werden, stiessen beim Führer aller Kommunisten auf offene Ohren. Lyssenko war wie 120 Jahre vor ihm der französische Biologe Jean-Baptiste de Lamarck und später der österreichische Zoologe Paul Kammerer (siehe Kap. 19) der Meinung, dass von Lebewesen erworbene Eigenschaften weitervererbt würden und lehnte die Existenz von Genen völlig ab. Nicht Mutationen und Selektion führten zu neuen Arten, wie dies Charles Darwin postulierte, sondern allein der

Einfluss der Umwelt. Der sowjetische Biologe behauptete, dass wenn er Sommerweizen bei tiefen Temperaturen aufbewahrte, die folgenden Weizengenerationen dann frostfest waren oder dass sich der frostempfindliche Weizen durch Kälteexposition in den nächsten Generationen in winterharten Roggen verwandeln würde.

Stalin war begeistert von Lyssenkows Hypothesen, denn damit könnte man nicht nur dem Getreide gewünschte Eigenschaften durch die Umwelt aufzwingen, sondern auch dem Menschen. Einige Generationen lang müsste man die Bewohnerinnen und Bewohner der UdSSR der kommunistischen Propaganda aussetzen und das Loblied der Sowjetunion singen und schon hätte man den perfekten kommunistischen Menschen geschaffen, der mit Feuer und Flamme für den Sozialismus eintritt und somit würden alle Bespitzelungen, Terror und Gulags in Zukunft überflüssig würden! Lyssenko hatte im Ausland viele Kritiker, die die Wissenschaftlichkeit seiner Arbeiten in Zweifel zogen, denn Lyssenkos Versuche konnten im Westen nicht bestätigt werden. In der Sowjetunion schwiegen die Gegner des Neo-Lamarckisten oder wurden durch Stalins Terror zum Schweigen gebracht. Da erworbene Eigenschaften durch den Weizen in Wirklichkeit nicht weitervererbt werden, hatte man untaugliches Saatgut verwendet, was wie erwähnt einer der Gründe für die grauenhaften Hungerkatastrophen in der Sowjetunion in den dreissiger und vierziger Jahren waren. Mit der Entstalinisierung der UdSSR nach 1953 verblasste auch der Ruhm Lyssenkos. Im politischen Tauwetter während der Chruschtschow-Ära konnten bekannte Wissenschaftler wie Andrej Sacharow zeigen, dass dem Biologen Fehlinterpretationen unterlaufen waren oder schlimmer noch, dass er seine Resultate gefälscht hatte, um seine Position bei Stalin zu festigen. 1963 wurde Lyssenko all seiner Ämter enthoben und die sowjetischen Schülerinnen und Schüler konnten in den neu erschienen Biologie-Lehrbüchern zum ersten Mal etwas über die Evolutionslehre von Charles Darwin erfahren.

Die Idee von Lenin und Stalin, dass die Wissenschaft auf proletarischer Grundlage erneuert und somit ganz von ihren bürgerlich-kapitalistischen Einflüssen befreit werden müssten, zeigt, dass die Forschung, die diesen Namen wirklich verdient, faktenbasiert sein muss und nicht als Vehikel der Wünsche und dem Karrieredenken der Forschenden und dem jeweils herrschenden politischen System dienen darf.

Gründe für das wissenschaftliche Scheitern von Lyssenko

Lyssenko profitierte vom System Stalins und lieferte dafür im Gegenzug den kommunistischen Machthabern eine maßgeschneiderte Biologie, die als politisches Vehikel nichts mit faktenbasierter Wissenschaft zu tun hatte. Folgerichtig verschwand der Lyssenkoismus bald nach Stalins Tod und wurde durch die Ideen Darwins über Mutation und Selektion ersetzt.

23. Kapitel

Derjagins Polywasser, der Schweiß des wissenschaftlichen Arbeitens

*Boris Wladimirowitsch Derjagin, (*1902 in Moskau; †1994 ebenda), russischer Chemiker und Physiker.*

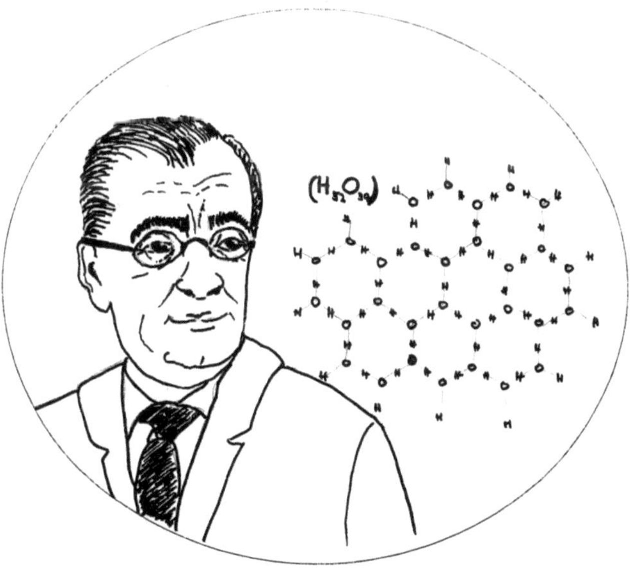

Wasser ist ein allgegenwärtiger und gut bekannter Stoff, wir alle haben schon viele Erfahrungen mit diesem lebensnotwendigen Nass gemacht, positive und negative. Aber sind Sie schon Wasser begegnet, das zähflüssig wie Leim ist, bei etwa 200 Grad Celsius siedet und bei Temperaturen von tiefer als –30 Grad Celsius langsam erstarrt? Wohl kaum, aber diese sonderbare Form von Wasser, Polywasser genannt, hatte die Wissenschaft in große Aufregung versetzt.

Im Jahre 1962 arbeitete der russische Forscher Nikolai N. Fedyakin in einem Labor an der Universität in Kostroma, etwa 300 km nordöstlich von Moskau. Er experimentierte mit Wasser, das er durch enge Glasröhrchen presste. Dabei fiel ihm auf, dass in einigen wenigen Kapillaren Abtrennungen zwischen verschiedenen Wassersäulen stattgefunden hatten, so als ob es sich um zwei verschiedene Flüssigkeiten im selben Röhrchen handelte. Das erstaunte Fedyakin, weil es doch der gleiche Stoff Wasser sein sollte. Darauf untersuchte er die abgetrennten Bestandteile auf ihre Eigenschaften und stellte dabei fest, dass der Siedepunkt der so gewonnenen Flüssigkeit wesentlich höher war als der von normalem Wasser.

Als Fedyakin über seine Ergebnisse berichtete, übernahm Boris Derjagin als Institutsleiter die Untersuchungen dieses offenbar modifizierten Wassers. Derjagin wusste als renommierter Experimentalphysiker, dass kleinste Verunreinigungen die Eigenschaften von Stoffen stark beeinflussen können. Kontrollversuche zeigten, dass das für die Versuche verwendete Wasser so rein wie nur möglich war und die Glasröhren perfekt sauber waren. Das Polywasser schien also eine Tatsache zu sein. Trotzdem blieb diese Entdeckung in der weltweiten wissenschaftlichen Gemeinschaft unbeachtet! Der Grund lag in der Isolation der damaligen sowjetischen Wissenschaften, sowohl sprachlich als auch ideologisch. Westliche Forschende konnten die russischen Publikationen nicht lesen und sowjetische Forscher wurden selten an westliche Kongresse eingeladen. Boris Derjagin ließ trotzdem nicht locker und konnte in der Folge einige englische Laboratorien besuchen.

Damit wurde auch die westliche Welt der Physik auf das rätselhafte Polywasser aufmerksam und man begann die Versuche aus Kostroma zu überprüfen. Der amerikanische Chemiker Ellis R. Lippincott analysierte 1969 einige Milliliter des zähflüssigen Wassers, in dem er Licht von verschiedener Wellenlänge durch die Probe schickte (Spektroskopie) und bestätigte, dass es sich dabei tatsächlich um viele miteinander verbundene Wassermoleküle handelte, was die gefundenen Eigenschaften erklären konnte.

Jetzt brach ein wahres Polywasser-Fieber in westlichen Laboratorien aus. Es gab warnende Stimmen, die meinten, Polywasser könne normales Wasser in die zähe Form verwandeln mit grauenhaften Folgen für die ganze Welt samt dem darauf existierenden Leben. Darum müsse man mit äusserster Vorsicht mit dem anomalen Wasser experimentieren, damit das gewöhnliche Wasser trinkbar bliebe.

Diese Warnung erwies sich aber gegen Ende des Jahres 1969 als gegenstandslos, denn es gelang keiner der vielen beteiligten Forschergruppen, auch nur geringste Mengen Polywasser herzustellen. Der Hype um das rätselhafte Wasser verschwand, als 1971 der amerikanische Chemiker Denis L. Rousseau in der Zeitschrift Science berichtete, dass die Flüssigkeit, die er beim Auswringen seines getragenen Handball-Leibchens analysierte, die gleichen Eigenschaften hatte wie das Polywasser. Somit war klar, dass es der Forscherschweiss von Fedjakin und Derjagin war, der trotz aller Bemühungen um sauberes Arbeiten den Weg in die Glasröhrchen gefunden hatte und so eine neue Identität als bis dato unbekannte anormale Form von Wasser bekam!

Gründe für das wissenschaftliche Scheitern von Derjagin

Anfangs der sechziger Jahre war es schwierig, mit allerkleinsten Mengen Wasser im Labor zu arbeiten, ebenso waren die Messgeräte damals noch relativ ungenau und die für diese Versuche nötige Sauberkeit der Glasröhrchen war schwer zu erreichen. Hinzu kam die isolierte Lage der Forscher in der damaligen Sowjetunion, die wenig Kontakt mit ihren westlichen Kolleginnen und Kollegen hatten. Russische Zeitschriften zur Elektrochemie fanden bei uns kaum eine Leserschaft, somit dauerte es sehr lange, bis ausserhalb der Sowjetunion die Polywasserversuche wiederholt und die Hypothese daraufhin falsifiziert werden konnte.

24. Kapitel

Rosalind Franklin, die vergessene Frau hinter der Entdeckung der DNA

*Rosalind Elsie Franklin (*1920 in London; †1958 ebenda), britische Biochemikerin.*

Am 25. April 1953 erschien in der Wissenschaftszeitschrift Nature ein Artikel mit dem Titel »Molecular structure of nucleic acids«. Damit begann eine neue Ära der Biologie. Dem amerikanischen Biochemiker James Watson und dem britischen Doktoranden Francis Crick war es gelungen, die Struktur der geheimnisvollen Erbsubstanz Desoxyribonukleinsäure (kurz DNA) zu entschlüsseln. Damit war endlich klar, wie die Baupläne der Lebewesen aufgebaut sind. Watson & Crick bekamen für ihre epochemachende Arbeit 1962 den Nobelpreis für Medizin. Jetzt waren die Gene, die Merkmale wie Augenfarben oder Blutgruppen festlegen, nicht länger ein Gedankenspiel, sondern Stoffe, aus denen man Abschnitte herausschneiden oder andere Informationen einbauen konnte. Dies führte letztlich zur Entwicklung der Gentechnologie mit all ihren Chancen und Gefahren.

Doch zurück ins Nachkriegs-London, genauer ins King's College, in dessen Labors den beiden Biochemikern diese bahnbrechende Entdeckung gelang. Doch da war noch eine dritte Person mit im Spiel: Rosalind Franklin, eine begabte Biochemikerin. Sie stammte aus einer hochangesehenen Familie von Politikern, Bankiers und Akademikern. Die junge Frau interessierte sich schon früh für Naturwissenschaften und begann mit 17 Jahren in Cambridge Chemie zu studieren, was in Großbritannien der Dreißigerjahre keine Selbstverständlichkeit war. Auch später war Rosalinds Geschlecht nicht gerade förderlich für eine wissenschaftliche Karriere, litt sie doch zeitlebens unter der mangelnden Akzeptanz ihrer Kollegen. Ihre Doktorarbeit schloss Franklin 1945 zum kriegswichtigen Thema der effizienteren Nutzung von Kohle ab. Nach einem Aufenthalt in Paris, wo sie sich zur Spezialistin in der Analyse vom Aufbau von Kristallen ausbilden liess, kehrte sie nach England zurück, um im King's College auf

Watson & Crick zu treffen. 1951 gelangen Franklin hervorragende Röntgenaufnahmen der DNA. Daraus schloss die junge Forscherin, dass das Erbmaterial eine Spirale darstelle, die aussen mit Zucker- (genannt Desoxyribose) und Phosphatmolekülen versehen sei und im Innern vier verschiedene Basen als eigentliche Informationsträger enthalte.

Als Watson & Crick die Bilder zu sehen bekamen, hatten sie ihr Heureka-Erlebnis: Die Doppelhelix war gefunden! Im legendären Nature-Artikel erwähnten sie die Arbeit ihrer Kollegin in einem knappen Nebensatz und behaupteten zunächst, nichts von den Fotografien Franklins gewusst zu haben. Erst in seinem Buch »Die Doppel-Helix« schreibt Watson, dass ihm die Röntgenbilder bekannt waren. Überhaupt lässt er darin gegenüber Rosalind kaum Fairness walten: »Sie tat nichts, um ihre weiblichen Eigenschaften zu unterstreichen. Nicht einmal einen Lippenstift, dessen Farbe vielleicht mit ihrem glatten schwarzen Haar kontrastiert hätte, benutzte sie, und mit ihren einunddreissig Jahren trug sie so phantasielose Kleider wie nur irgendein blaustrümpfiger englischer Teenager.« Rosalind Franklin konnte sich gegen diese Beleidigungen leider nicht mehr wehren. Im Herbst 1956 erkrankte sie an Krebs, vielleicht verursacht durch ihren Umgang mit der Röntgenfotografie und starb anderthalb Jahre später in London. Da der Nobelpreis nicht posthum verliehen wird, blieb ihr die höchste wissenschaftliche Auszeichnung verwehrt. Anlässlich der Rede für den Nobelpreis, den die beiden Forscher »für ihre Entdeckungen über die Molekularstruktur der Nukleinsäuren und ihre Bedeutung für die Informationsübertragung in lebender Materie« erhalten haben, erwähnten Watson und Crick ihre vier Jahre zuvor verstorbene Kollegin und Ideengeberin mit keinem Wort! Wissenschaftliche Brillanz und Sozialkompetenz gehen offenbar nicht immer Hand in Hand …

Gründe für das wissenschaftliche Scheitern von Franklin

Rosalind Franklin war eine geniale Biochemikerin, nur hatte sie das Pech, als Frau anfangs der Fünfzigerjahre in einem von männlichen Alphatieren geführten britischen Institut zu arbeiten, von ihren »Kollegen« an den Rand gedrängt zu werden und vermutlich wegen ihrer Arbeiten mit Röntgenstrahlen viel zu früh an Krebs zu sterben.

25. Kapitel

Die kalte Kernfusion, der geplatzte Traum der unerschöpflichen Energiequelle – Martin Fleischmann und Stanley Pons

*Martin Fleischmann (*29. März 1927 in Karlsbad, Tschechoslowakei; †3. August 2012 in Tisbury, England), deutsch-britischer Elektrochemiker | Stanley Pons, (*1943 in Valdese, North Carolina), US-amerikanischer Elektrochemiker.*

Am 23. März 1989 warteten Medienvertreter in einem Saal der Universität von Utah in Salt Lake City ungeduldig auf den Auftritt zweier Elektrochemiker. Üblicherweise stoßen Meldungen über Versuchsresultate in dieser von Laien eher als spröde betrachteten Wissenschaft in der Öffentlichkeit auf wenig Gehör. An diesem Frühlingstag Ende der Achtzigerjahre sollte es anders sein, über eine wissenschaftliche Sensation wollten Martin Fleischmann von der Universität Southampton, England und Stanley Pons von der University of Utah berichten. Mit ihrem Vortrag übertrafen die beiden Forscher die Erwartungen der anwesenden Medienleute. Sie berichteten von Experimenten, bei denen sie kalte Kernfusion beobachtet hätten. Dabei werden zwei schwere Wasserstoffkerne zu einem Heliumkern verschmolzen, wobei viel Energie in Form von Wärme freigesetzt wird. Kernfusion ist nichts Seltenes in der Natur: Auf der Sonne werden unter gigantischem Druck und immensen Temperaturen Wasserstoff und Helium fusioniert. Dabei wird die Energie frei, die die Sonne zum Leuchten bringt und für die Wärmeerzeugung verantwortlich ist, die uns ein Leben auf der Erde ermöglicht. Der Name für das Element Helium stammt übrigens vom griechischen Wort Helios für Sonne, denn dieses Edelgas wurde zuerst auf der Sonne entdeckt.

Fleischmann und Pons behaupteten an jener legendären Pressekonferenz, dass ihnen diese Kernverschmelzung in ihrem Labor in Utah bei normaler Zimmertemperatur in wenig mehr als einem Reagenzglas gelungen sei. Dazu haben sie einen Stab aus dem Edelmetall Palladium, der Kathode, elektrisch mit einem zweiten Stab aus Platin (Anode) verbunden. Das Ganze tauchten die Forscher in schweres Wasser ein. Diese besondere Art des Wassers unterscheidet sich vom normalen Wasser dadurch, dass die darin vorhandenen Wasserstoffatome (das Wasser hat die Formel H_2O, also zwei Wasserstoffatome H verbinden sich mit einem Sauerstoffatom O zu einem Wassermolekül) im Kern neben einem Proton zusätzlich noch ein Neutron besitzen. Darum ist dieser seltenere Wasserstoff ungefähr doppelt so schwer wie das normale Wasserstoffatom und wird als schwerer Wasserstoff oder Deuterium bezeichnet. Wenn nun dieses Deuterium mit Sauerstoff reagiert, entsteht schweres Wasser. Als die beiden Elektrochemiker den Strom einschalteten, erhielten sie aus ihrer Versuchsanordnung viermal so viel Energie in Form von Wärme, wie sie als elektrische Energie hineingesteckt haben. Die Erklärung der Forscher für diese seltsamen Ergebnisse ihrer Versuche war, dass sich die schweren Wasserstoffkerne im Palladium zu Helium verschmelzen und dabei enorm viel Wärme freisetzen, vergleichbar mit den Prozessen auf der Sonne, nur eben bei Zimmertemperatur und normalem Druck.

Die Medienvertreter an der Pressekonferenz vom 23. März 1989 witterten eine Riesensensation. Wäre es wirklich möglich, mittels einer Apparatur, deren Bestandteile in jedem Schul-Chemielabor vorhanden sind, aus schwerem Wasser, das man durch Destillation ganz einfach aus normalem Wasser gewinnen kann, beliebig viel Energie zu gewinnen? Für einen Moment schien es denkbar, dass die Menschheit eines der drängendsten Probleme für immer gelöst hatte, nämlich die sichere und ausreichende Versorgung mit Energie.

Bei der Kernfusion entstehen wenig radioaktive Strahlung und keine strahlenden Abfälle; Wasser ist im Gegensatz zu Uran in praktisch unbegrenztem Maß vorhanden. Das Verbrennen fossiler Energieträger wie Kohle, Erdgas und Öl wären dann überflüssig, mit positivem Effekt auf die globale Erwärmung.

Die Medien berichteten nach der Pressekonferenz begeistert über die Entdeckung der kalten Kernfusion, die den Menschen ein energiemäßiges Schlaraffenland versprach. Fleischmann und Pons wurden innerhalb kürzester Zeit in den Olymp der Wissenschaften katapultiert.

Es gab aber auch kritische Stimmen aus der wissenschaftlichen Gemeinschaft. Zunächst ist die Bekanntmachung von Versuchsergebnissen an einer Pressekonferenz ein in der Wissenschaft sehr unübliches Vorgehen. Normalerweise publizieren Forschende ihre Ergebnisse in spezialisierten Zeitschriften. Solche Fachmagazine wie Science oder Nature lassen die eingereichten Manuskripte durch ein Fachgremium bewerten (peer-review). Erst wenn die wissenschaftliche Qualität der eingereichten Arbeit von den Experten positiv beurteilt wird, erscheint der Artikel. Fleischmann und Pons umgingen diesen Schritt und gelangten direkt an die Öffentlichkeit. Erst Ende April 1989 erschien ihr Artikel »Electrochemically induced nuclear fusion of deuterium« (Elektrochemisch ausgelöste Kernverschmelzung von Deuterium) in der eher unbekannten Zeitschrift »Journal of Electroanalytic Chemistry«. Entgegen den üblichen Gepflogenheiten in den Wissenschaften gaben die beiden Forscher keine Details zum Experiment an, so dass es anderen Forschergruppen nicht möglich war, die kalte Kernfusion im Labor zu wiederholen. Die Wiederholbarkeit von Experimenten mit vergleichbaren Resultaten ist aber eine der Grundvoraussetzungen im wissenschaftlichen Erkenntnisgewinn. Nur wenn Versuchsresultate von anderen Forschenden bestätigt werden können, gelten diese Resultate als wahr.

Zudem hatten Fleischmann und Pons grosse Mühe zu erklären, warum ihre Apparatur so viel Energie freisetzte. Denn die Kernphysik hatte keine Modelle bereit, die diese postulierte

Kernfusion nur schon in Ansätzen hätte verständlich machen können. Da Wunder in den Naturwissenschaften nichts zu suchen haben, behaupteten die beiden Forscher, dass ihre vermeintlich unerschöpfliche Energiequelle auf bislang völlig unbekannten Prinzipien beruhe. Die Mehrheit der Kernphysikerinnen und Kernphysiker hielten die kalte Fusion für eine Fata Morgana. Niemanden gelang es, die Versuche aus Utah zu wiederholen, auch nachdem Fleischmann und Pons mehr Details zu ihren Experimenten publizierten. Auch die seltsame Art der Veröffentlichung via Pressekonferenz schürte die Skepsis in der Fachwelt, zudem waren die angeblichen Entdecker der kalten Fusion Elektrochemiker und keine Kernphysiker, was ihrer Glaubwürdigkeit nicht förderlich war. Auch in den Medien verblasste die ursprüngliche Euphorie nach wenigen Monaten. Immer häufiger erschienen kritische Berichte, der Mythos der unerschöpflichen Energiequelle aus Utah verblasste. Die überwiegende Mehrheit der Fachleute hielt die kalte Fusion für einen wissenschaftlichen Irrtum; die Menschheit musste auf die märchenhafte Energiequelle wohl verzichten. Und Martin Fleischmann und Stanley Pons bekamen nicht nur keinen Nobelpreis, sondern wurden drei Jahre nach der vermeintlichen epochemachenden Entdeckung aus der Chemie-Fakultät der Universität Utah ausgeschlossen. Die Kontrollmechanismen der Wissenschaft fordern manchmal ihre Opfer. Ob die beiden Protagonisten willentlich ihre Versuchsresultate gefälscht haben oder ob bei ihrer Arbeit der Wunsch der Vater des Gedankens war, wird sich wohl nie aufklären lassen.

Gründe für das wissenschaftliche Scheitern von Fleischmann und Pons
Die vermeintliche Entdeckung, mit einfachen Mitteln eine unerschöpfliche Energiequelle gefunden zu haben und damit unermesslichen Ruhm und riesige Einkommen zu generieren, ließen Fleischmann und Pons alle in den Wissenschaften etablierten Kontrollmechanismen vergessen: Eine Pressekonferenz einzuberufen, bevor die Versuche von anderen Forschenden wiederholt und bestätigt werden konnten sowie eine schlechte und unvollständige Beschreibung der Experimente zur Kalten Fusion in einem ersten wissenschaftlichen Artikel führten daher zwangsläufig zum jähen Absturz der beiden Elektrochemiker aus der Teppichetage der Scientific Community .

Verzeichnis der Fachbegriffe

AMINOSÄURE Bausteine von Proteinen (= Eiweißen), kommen in allen Lebewesen vor und bestehen aus einer stickstoffhaltigen Aminogruppe und einer kohlenstoffhaltigen Carbonsäuregruppe

ANCIEN RÉGIME Europäische Epoche vom Barock bis zur Französischen Revolution 1789

ANODE In der Elektrochemie ein positiv geladenes Bauteil, das negative Teilchen anzieht

ANTHERIDIEN Männliches Geschlechtsorgan bei blütenlosen Pflanzen, z. B. Farne

ARCHEGONIEN Weibliches Geschlechtsorgan bei blütenlosen Pflanzen, z. B. Farne

ARMILLARSPHÄRE astronomisches Gerät zur Darstellung der Bewegung von Himmelskörpern

ASTROLABIUM scheibenförmiges astronomisches Rechen- und Messinstrument zur Berechnung von Sternpositionen

ASTROLOGIE Nichtwissenschaftliche Idee, die einen Zusammenhang zwischen Sternenkonstellationen und Geschehnissen im Leben der Menschen darzustellen versucht

Astronomie Wissenschaft der Gestirne

Chemie Naturwissenschaft, die sich mit dem Aufbau, den Eigenschaften und der Umwandlung von Stoffen beschäftigt

Cholera ist eine schwere bakterielle Infektionskrankheit vorwiegend des Dünndarms, die durch das Bakterium Vibrio cholerae verursacht wird. Die Infektion erfolgt zumeist über verunreinigtes Trinkwasser oder infizierte Nahrung. Die Bakterien können extremen Durchfall) und starkes Erbrechen (Brechdurchfall) verursachen, was zu einer Austrocknung des Körpers mit Untertemperatur und Kollaps führen kann. Unbehandelt ist Cholera oft tödlich

Darwinismus Theorie zur Erklärung der Evolution von Lebewesen durch Mutationen und nachfolgender Selektion begründet von Charles Darwin

Deduktion Ableitung des Besonderen und Einzelnen aus einem allgemeinen Gesetz

Diphtherie ist eine vor allem im Kindesalter auftretende, akute Infektionskrankheit, die durch eine Infektion der oberen Atemwege mit dem Corynebacterium diphtheriae, dem »Diphtheriebazillus«, hervorgerufen wird

DNA (englisch: Desoxyribonucleic Acid, deutsch DNS: Desoxyribonukleinsäure) ist der Träger der Erbinformation aller Lebewesen. Sie steuert in jeder einzelnen Zelle eines Lebewesens die biologischen Vorgänge wie zum Beispiel den Stoffwechsel und die Zellteilung.

Dynamit Sprengstoff aus Nitroglyzerin und Kieselgur, erfunden vom schwedischen Chemiker Alfred Nobel

Elektrolyt Salzlösung zur Leitung elektrischen Stroms

Elektromagnetische Wellen Energieform aus gekoppelten elektrischen und magnetischen Feldern,

z. B. Radiowellen, Mikrowellen, Wärmestrahlung, Licht, Röntgenstrahlung und Gammastrahlung. Im Gegensatz zu Schallwellen brauchen Elektromagnetische Wellen kein Medium um transportiert zu werden

EUGENIK Anwendung der Erkenntnisse der Humangenetik auf die Bevölkerungs- und Gesundheitspolitik mit dem Ziel, den Anteil positiv bewerteter Erbanlagen zu vergrössern (positive Eugenik) und den negativ bewerteten Erbanlagen zu verringern (negative Eugenik)

EVOLUTION die von Generation zu Generation stattfindende allmähliche Veränderung der vererbbaren Merkmale einer Population von Lebewesen

EXPERIMENT Versuch; planmässiges Untersuchen von Vorgängen durch Messungen

FALSIFIZIERUNG eine Hypothese durch Versuche widerlegen

FARNE Blütenlose grüne Pflanzen mit Leitbündeln, die sich durch Sporen verbreiten

FORMEL mathematische Zusammenfassung eines Sachverhaltes

GEOZENTRISCHES WELTBILD Annahme, dass die Erde und damit auch der Mensch im Universum eine zentrale Position einnehmen, so dass alle Himmelskörper (Mond, Sonne, die anderen Planeten und die Fixsterne) die Erde umkreisen.

HELIOZENTRISCHES WELTBILD Weltbild, in dem die Sonne als das ruhende Zentrum des Universums gilt. Die Planeten einschließlich der Erde bewegen sich um die Sonne

HIMMELSGLOBUS Abbildung des Sternenhimmels auf der Oberfläche einer Kugel

Hygiene Gesamtheit aller Bemühungen zur Verhütung von Krankheiten

Hypothese zunächst unbewiesene Annahme von wissenschaftlichen Gesetzlichkeiten mit dem Ziel, sie durch Beweise zu verifizieren oder zu falsifizieren

Induktion Methode, um vom besonderen Einzelfall zum allgemeinen Gesetz, das hinter dem Besonderen steht, zu schliessen

Kathode In der Elektrochemie ein negativ geladenes Bauteil, das positive Teilchen anzieht

Kieselgur weissliche, pulverförmige Substanz, die hauptsächlich aus den Schalen fossiler Kieselalgen (Diatomeen) besteht und z. B. zur Herstellung von Dynamit gebaucht wird

Lamarckismus Wissenschaftliche Idee, dass Organismen Eigenschaften an ihre Nachkommen vererben können, die sie während ihres Lebens erworben haben, siehe auch Lyssenkoismus

Laterale Inhibition auch: Machsche Streifen; Kontrastverstärkung an der Grenze unterschiedlich grauer Flächen in der Netzhaut der Augen

Logarithmus bezeichnet den Exponenten, mit dem eine vorher festgelegte Zahl, die Basis, potenziert werden muss, um die gegebene Zahl, den Numerus, zu erhalten

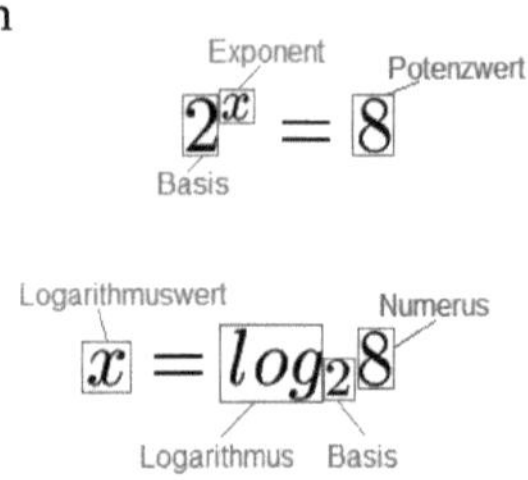

Lyssenkoismus pseudowissenschaftliche Lehre, die an den Lamarckismus anknüpfte und bedeutete, dass die

Eigenschaften von Kulturpflanzen nicht durch Gene, sondern nur durch Umweltbedingungen bestimmt würden

Marskanäle feinste Linienstrukturen auf dem Mars, einige von ihnen stellen Canyons dar, die meisten sind als optische Täuschungen zu deuten, siehe laterale Inhibition.

Mauerquadranten historisches astronomisches Instrument, mit dem die Positionen von Gestirnen gemessen wurden

Miasma eine vermutete krankheitsverursachende Materie, die durch faulige Prozesse in Luft und Wasser entsteht

Mutation spontan auftretende, dauerhafte Veränderung des Erbgutes

Neutronen Ungeladene Teilchen des Atomkerns

Nipkow-Scheibe Eine sich drehende Scheibe mit spiralförmig angebrachten Löchern zur Umwandlung eines Bildes in elektrische Signale, Grundlage des mechanischen Fernsehens

Nitroglyzerin Sprengstoff, der bei Erschütterung explodiert, Vorform des Dynamits

N-Strahlen vom französischen Physiker René Blondlot vermeintlich entdeckte neuartige Strahlung (nach seiner Universität Nancy), die jedoch nie bestätigt werden konnte

Optische Aktivität Eigenschaft bestimmter Moleküle, die Schwingungsebene von polarisiertem Licht zu drehen

Oxide Verbindungen von Elementen mit Sauerstoff, z. B. Rost Fe_3O_4

Pflanzenhormone Signalübertragende Moleküle in Pflanzen, die z. B. die Reifung von Früchten steuern

Phlogiston hypothetische Substanz, von der man glaubte, dass sie allen brennbaren Körpern bei der Verbrennung entweicht

Phonograph Von T. A. Edison erfundenes Gerät zur mechanischen Aufnahme und Wiedergabe von Schall mittels Tonwalzen

Polarlicht Leuchterscheinung durch Reaktion von Stickstoff- und Sauerstoffatome höheren Schichten der Atmosphäre mit energiereichen Teilchen von der Sonne sichtbar vor allem in den Polarregionen

Polywasser Hypothetische Form von zähflüssigem Wasser beim Durchfluss durch enge Kapillaren

Prisma Glaskörper mit dreieckigem Querschnitt zur Aufspaltung von Licht in seine Farbbestandteile

Prothallium herzförmige, kleine Geschlechtsform der Farne

Protonen positiv geladene Bestandteile des Atomkerns

Publish or Perish Druck auf Forschende, ihre Versuchsergebnisse zahlreich und in angesehenen Fachzeitschriften zu veröffentlichen, um ihren wissenschaftlichen Ruf zu steigern und somit Karriere machen zu können

Relativitätstheorie Diese von Albert Einstein entwickelte bahnbrechende physikalische Theorie beschäftigt sich mit der Struktur von Raum und Zeit sowie mit dem Wesen der Schwerkraft und ihren Einfluss auf Raum und Zeit

Renaissance eine europäische Kulturepoche im Übergang vom Mittelalter zur Neuzeit. Kennzeichnend war die Wiederbelebung der kulturellen Leistungen der griechischen und römischen Antike, insbesondere in der Kunst und den Wissenschaften

REVOLUTIONSKALENDER während der französischen Revolution gültiger Kalender ohne christlichen Bezug auf Basis des Dezimalsystems, z. B. 1 Woche = 10 Tage

RÖNTGENSTRAHLEN Kurzwellige, sehr energiereiche elektromagnetische Strahlung, durch den deutschen Physiker Conrad Willhelm Röntgen entdeckt, z. B. als bildgebendes Diagnoseverfahren in der Medizin verwendet

SÄURE Moleküle, die H^+-Ionen abspalten, z. B. Salzsäure H^+Cl^-

SCIENTIFIC COMMUNITY ist die Gesamtheit aller am internationalen Wissenschaftsbetrieb teilnehmenden Forscherinnen und Forscher

SPEKTRALLINIEN ist das Licht einer genau definierten Frequenz (= Farbe), das von einem Atom oder Molekül aufgrund eines Übergangs aus einem Energieniveau auf ein anderes abgegeben oder aufgenommen wird. Diese Frequenz ist typisch für bestimmte Atome oder Moleküle. Daher kann man durch Beobachtung von Spektrallinien Stoffe identifizieren.

SPEKTROSKOPIE Analysemethode, bei der Licht eines glühenden Stoffes in sein Spektrum zerlegt wird und damit der Stoff bestimmt werden kann, siehe Spektrallinien

SPOREN Einzellige Verbreitungseinheiten bei blütenlosen Pflanzen wie z. B. Farnen

TESLASPULE Transformer zur Erzeugung hoher Wechselspannung, um damit die Wirkung von Blitzen in technischen Museen zu demonstrieren

Theorie durch Beweise abgesichertes wissenschaftliches System, das viele Einzeltatsachen in einen Zusammenhang bringt und sie widerspruchsfrei erklärt

Urzeugung widerlegte Vorstellung, dass Lebewesen aus zuvor unbelebter Materie entstehen könnten

Verifizierung eine Hypothese durch Versuche bestätigen und sie dadurch zu einer Theorie machen

Quellenverzeichnis

Kapitel 1 Leonhart Fuchs

Fuchs, Leonhart: *Neuw Kreuterbuch*. Isengrin, Basel, 1543; Nachdruck VMA-Verlag, Wiesbaden, 2002.

Krafft, Fritz (Hrsg.): *Lexikon grosser Naturwissenschaftler*. S. 73–75, Fourier, Wiesbaden, 2003.

Kapitel 2 Tycho Brahe

Dorn, Charles van: *Geschichte des Wissens*. S. 255–256, dtv, München, 1996.

Håkansson, Håkon: *Tycho Brahe och hans tid*. Atlantis, Stockholm, 2006.

Hannam, James: *Die vergessenen Erfinder*. S. 334–338, Sankt Ulrich Verlag, Augsburg, 2011.

Krafft, Fritz (Hrsg.): *Lexikon grosser Naturwissenschaftler*. S. 191–193, Fourier, Wiesbaden, 2003.

Kapitel 3 Johan Baptista van Helmond

Helmont, Jan Baptista van: *Aufgang der Artzney-Kunst*. Johan Andreae Endters Söhne, Sulzbach, 1583.

Helmont, Jan Baptista van: *Tumulus pestis; das ist: gründlicher Ursprung der Pest*. Abraham Liechtenthaler, Sulzbach, 1681.

Kapitel 4 Edmond Halley

Halley, Edmund: An account of the late surprizing appearance of the lights seen in the air, on the sixth of March last; with an attempt to explain the principal phænomena thereof. In: *Philosophical Transactions*, Vol. 29/ 347, London, 1714.

Holberg, Ludvig: Nicolai Klims unterirdische Reise, worinnen eine ganz neue Erdbeschreibung wie auch eine umständliche Nachricht von der fünften Monarchie, die uns bishero ganz und gar unbekannt gewesen, enthalten ist. Anonym, Kopenhagen–Leipzig 1741 Nachdruck Reclam Leipzig, 1985.

Krafft, Fritz (Hrsg.): *Lexikon grosser Naturwissenschaftler*. S. 191–193 Fourier, Wiesbaden, 2003.

Verne, Jules: *Reise zum Mittelpunkt der Erde*. Anaconda, München, 2021.

Kapitel 5 Jost Bürgi

Stalder, Helmut: Jost Bürgi. Mit ihm beginnt die Neuzeit zu ticken. In: Helmut Stalder, *Verkannte Visionäre. 24 Schweizer Lebensgeschichten*. NZZ Libro, Zürich, 2011.

Erwin Voellmy: Jost Bürgi und die Logarithmen, in: *Beihefte zur Zeitschrift »Elemente der Mathematik«*, Band 5, 1948.

Kapitel 6 Georg Ernst Stahl

Krafft, Fritz (Hrsg.): *Lexikon grosser Naturwissenschaftler*. S. 391–392, Fourier, Wiesbaden, 2003.

Stahl, Georg Ernst: *Zymotechnia Fundamentalis Oder Allgemeine Grund-Erkanntniss Der Gahrungs-Kunst*. Montag, Frankfurt und Leipzig, 1734.

Kapitel 7 Jeanne Baret

Polk, Milbry; Tiegreen, Mary: *Women of Discovery – A Celebration of intrepid Women who explored the World*. Clarkson Potter, New York 2001, auf Deutsch erschienen 2006 bei Frederking & Thaler »Frauen erkunden die Welt – Entdecken, forschen, berichten«.

Tepe E, Ridley G, Bohs L: A new species of Solanum named for Jeanne Baret, an overlooked contributor to the history of botany. In: *PhytoKeys*. 8. Jahrgang. Pensoft Publishers, 2012, S. 37–47.

Kapitel 8 Antoine Laurent de Lavoisier

Krafft, Fritz (Hrsg.): *Lexikon grosser Naturwissenschaftler*. S. 261–262, Fourier, Wiesbaden, 2003.

Lavoisier, Antoine Laurent: *Mitglied der Königl. Akademie der Wissenschaften zu Paris, physikalisch-chemische Schriften*. 4, Anton Ferdinand Röse, Greifswald 1792.

Ramsay, William: *Vergangenes und Künftiges aus der Chemie*. S. 78, Akademische Verlagsanstalt Leipzig, 1913.

Kapitel 9 Charles-Gilbert Romme

Anonym: *Calendrier republicain: décrété par la Convention nationale, pour la IIe année de la République française; avec les mois et jours correspondans de l'ancien calendrier.* Testu, Paris, 1793.

Schneidt, Joseph Maria: *Abhandlung von dem teutschen und französischen Calenderwesen*. Rienner, Vircebourg, 1796.

Anonym: L'Art de vérifier les dates de la Révolution, su répertoire législatif, administratif, judiciare et historique, depuis l'ouverture des Etats-Généraux en 1789 jusqu'au 1er vendémiaire an XII., etc Rondonneau, Paris, 1803.

Gutberlet, Bernd Ingmar: *Grandios gescheitert*. S. 89–115, Lübbe, Köln, 2012.

Kapitel 10 Urbain Leverrier

Baeblich, Hermann: *Das Buch der Astronomie*. Burmester & Stempell, Berlin, 1880.

Anonym: Inauguration of the Statue of Leverrier, *Scientific American* Band 61 1889, S. 100, Munn & Co. New York.

Kapitel 11 Francis Galton

Dorn, Charles van: *Geschichte des Wissens*. S. 496–497, dtv, München, 1996.

Forrest D. W.: *Francis Galton: The life and work of a Victorian Genius*. Taplinger, New York, 1974.

Galton, Francis: *English men of science: their nature and nurture*. Macmillan, London, 1874.

Galton, Francis: *Natural inheritance*. Macmillan, London, 1889.

Kapitel 12 Giovanni Schiaparelli

Fritz Krafft (Hrsg.): *Lexikon grosser Naturwissenschaftler.* S. 376–377, Fourier, Wiesbaden, 2003.

Schiaparelli, Giovanni: Il Pianeta Marte, in: *Natura ed Arte*, 5 & 6 Milano & Roma, 1893.

Wells, H. G.: *Der Krieg der Welten.* Deutsch von Lutz-Werner Wolff. dtv, München, 2017.

Welles, Orson: *The War of the Worlds.* Hörspiel, (http: internet.archive.org) 1938.

Kapitel 13 Alfred Nobel

Preel, Marc: How ›merchant of death‹ Alfred Nobel became a champion of peace, in https://www.thelocal.se/20101004/29406/

Von Suttner, Bertha: *Memoiren.* dva, München, Neuausgabe 2018.

Kapitel 14 Prosper-René Blondlot

Blondlot, Prosper-Renè: »N« RAYS, übersetzt von J. Garcins, Longmans, Green & Co. London, New York und Bombay, 1905.

Freistetter, Florian: Pathologische Wissenschaft: Die »N-Strahlen« des René Blondlot, *Der Standard*, Wien 2017.

Kapitel 15 Salomon August Andrée

Andreé, S. A; Strindberg, Nils und Frænkel, Knut: *Med Örnen mot Polen.* Albert Bonniers Förlag Stockholm, 1930.

Sundman, Per Olof: *Ingenieur Andrées Luftfahrt.* Benziger Verlag, Zürich u. a. 1969, Neuauflage dtv, München, 1996.

Kapitel 16 Max von Pettenkofer

Christensen, Réne Flamsholt: *Peter Ludvig Panum, det moderne gennembrud i dansk medicin.* FADL's Verlag, Roskilde, 2020.

von Pettenkofer, Max: *Beziehungen der Luft zu Kleidung, Wohnung und Boden, drei populäre Vorträge.* Vieweg, Braunschweig, 1872.

von Pettenkofer, Max: Boden und Grundwasser in ihren Beziehungen zu Cholera und Typhus. Erwiederung (sic!) auf Rudolph Virchow's hygienische Studie »Canalisation oder Abfuhr«: in *Zeitschrift für Biologie*, Band V, Heft 2. R. Oldenbourg, München, 1869.

Kapitel 17 Nikola Tesla

US-Patentschrift: US645576 (A) System of Transmission of Electrical Energy, Washington, 1900.

Bührke, Thomas: *Genial gescheitert.* S. 58–81, dtv, München, 2012.

Schwenk, Ernst: *Massmenschen.* S. 159–167, Kontrapunkt, Zürich, 2003.

Kapitel 18 Paul Kammerer

Kammerer, Paul: Vererbung erzwungener Formveränderungen. I. Mitteilung: Die Brunftschwiele des Alytes-Männchens aus Wassereiern. In: Aus der Biologischen Versuchsanstalt der kaiserl. Akademie für Wissenschaften in Wien [Zoologische Abteilung], Wien, 1918.

Koestler, Arthur: *Der Krötenküsser.* Verlag Czernin Verlags GmbH, Wien, 2010.

Kapitel 19 Herman Sörgel

Günther, Hanns: *In hundert Jahren.* Kapitel 2: Pläne ums Mittelmeer. Frank'sche Verlagshandlung, Stuttgart, 1931.

Sörgel, Herman: Europa–Afrika: Ein Weltteil, in: *Sozialistische Monatshefte* 37 (1931), H. 10, S. 983–987, Berlin.

Spengler, Oswald: *Der Untergang des Abendlandes.* dtv, München, 16. Auflage 2003.

Gutberlet, Bernd Ingmar: *Grandios gescheitert.* S. 141–165, Lübbe, Köln, 2012.

Kapitel 20 Paul Nipkow

Beim Vater des Fernsehens, Interview mit Paul Nipkow, in: *Neues Wiener Journal*, Wien, 1930.

Jameson, Egon: Weltmacht Fernsehen, in: *Hobby*, Nr. 18, S. 120–137, EHAPA-Verlag, Stuttgart 1962.

Kapitel 21 Trofim Lyssenko

Böhme Helmut: Einige Bemerkungen zu wissenschaftspolitischen Aspekten genetischer Forschungen der fünfziger Jahre in der DDR im Zusammenhang mit der Lyssenko-Problematik, in: *Sitzungsberichten der Leibniz-Societät* (Bd. 29, Jg. 1999, Heft 2, trafo-Verlag, Berlin.

The Situation in Biological Science: Proceedings of the Lenin Academy of Agricultural Sciences of the U.S.S.R. Sitzung vom 31. Juli bis 7. August 1948, Foreign Language Publishing House, Moskau, 1949.

Kapitel 22 Fritz Kögl

Kögl, Fritz: Auxin, ein pflanzlicher Wuchsstoff in: *Die Umschau*, 36. Jahrgang, Heft 40, Frankfurt a.M., 1932.
Troyer, James R.: Error or fraud in Science: Auxins A and B and Animal Tumor Proteins, in: *Journal of the North Carolina Academy of Science*, 124(1), 2008, S. 1–5.

Kapitel 23 Rosalind Franklin

Watson, James D.; Crick, Frederic H.: Molecular Structure of Nucleic Acids: A Structure for Deoxyribose Nucleic Acid. In: *Nature London* 171. 1953 (25. Apr), 737–738.
Watson, James D: *Die Doppel-Helix.* Rowohlt, Hamburg 1968, 1993.

Kapitel 24 Boris Derjagin

Ketten im Quarz. In: *Der Spiegel*. 40/1969.
Herberholz, Max: Geschichte vom »Polywasser«. *Chem. Unserer Zeit*, S. 154–159, 1971.

Kapitel 25 Martin Fleischmann und Stanley Pons

Fleischmann, M.; Pons, S.; Hawkins, M.: Electrochemically induced nuclear fusion of deuterium. J. *Electroanal. Chem.*, 1989. 261: p. 301 and errata in Vol. 263.
Geist aus der Flasche. In: *Der Spiegel* 21/1989.
Huizenga, John R.: *Kalte Kernfusion, Das Wunder, das nie stattfand.* Vieweg, Braunschweig 1994.

Register

G

H

I

K

L

M

N

W

Z

